本书为国家自然科学基金重点项目
“促进我国自主创新的知识产权管理研究”
（项目编号：70633003）的部分研究成果

IP 知识产权专题研究书



ZHUANLI WEICHI ZHIDU
JI SHIZHENG YANJIU

# 专利维持制度及实证研究

乔永忠 著

知识产权出版社
全国百佳图书出版单位

**内容提要**

本书在对专利维持制度、专利维持时间和专利维持年费制度等问题进行深入探索的基础上，对我国授权专利从不同角度进行实证分析。这一研究对提高专利制度运行绩效和我国国家知识产权战略实施效果具有重要意义。

本书可供知识产权学习者、研究者参考使用。

**责任编辑：** 刘 睿 **责任校对：** 韩秀天
**执行编辑：** 罗 慧 **责任出版：** 卢运霞
**特约编辑：** 卞学琪

**图书在版编目（CIP）数据**

专利维持制度及实证研究／乔永忠著．—北京：知识产权出版社，2011.8

ISBN 978－7－5130－0666－8

Ⅰ．①专… Ⅱ．①乔… Ⅲ．①专利制度－研究 Ⅳ．①G306.3

中国版本图书馆 CIP 数据核字（2011）第 131555 号

**专利维持制度及实证研究**

乔永忠 著

出版发行：知识产权出版社

社 址：北京市海淀区马甸南村 1 号 邮 编：100088
网 址：http：//www.ipph.cn 邮 箱：bjb@cnipr.com
发行电话：010－82000860 转 8101/8102 传 真：010－82005070/82000893
责编电话：010－82000860 转 8113 责编邮箱：liurui@cnipr.com
印 刷：北京富生印刷厂 经 销：新华书店及相关销售网点
开 本：880mm×1230mm 1/32 印 张：7
版 次：2011 年 8 月第一版 印 次：2011 年 8 月第一次印刷
字 数：154 千字 定 价：18.00 元

**ISBN 978－7－5130－0666－8/G・414（3575）**

# 序

与其他种类的知识产权不同，专利权取得的程序复杂、维持成本高，并且随着维持时间的增加，维持专利有效的年费迅速上升。专利维持制度通过年费制度影响专利维持时间，从而平衡专利权人和社会公众之间的利益。作为促进创新的重要机制之一，专利维持制度直接影响着专利制度的运行绩效。专利维持时间在一定程度上反映出专利质量和专利权人运用专利的水平。因此，研究专利维持制度，对于提升创新主体运用专利能力、提高专利制度运行绩效和我国知识产权战略实施效果具有重要意义。基于此，乔永忠博士以此作为其博士论文选题进行了积极、艰苦的探索。

本书就是作者在其博士论文的基础上修改完成的，也是其参加我主持的国家自然科学基金重点项目“促进我国自主创新的知识产权管理研究”的研究成果。该书在对专利维持制度、专利维持时间和专利维持年费制度等问题进行深入探索的基础上，对我国授权专利从不同角度进行了实证分析。研究结果对该领域的进一步深入研究具有重要的借鉴价值。

乔永忠博士从事知识产权研究起步不算早，甚至有点晚，但他勤奋努力，一步一个脚印，发表了一些有见地的成果。我衷心期待着他在研究知识产权的学术道路上进行新的探索，取得新的成果。

朱雪忠

2011 年 6 月

# 摘　要

专利维持制度是专利制度促进创新的重要机制之一。研究专利维持制度对提升创新主体运用和管理专利能力、提高专利制度运行绩效和我国国家知识产权战略实施效果具有重要意义。本书通过研究专利维持制度，实证分析我国授权专利维持相关信息，得出如下结论。

首先，专利维持制度是专利制度的核心机制，与专利制度中的其他制度构成有机整体，共同推动专利制度正常运行。专利制度目的的实现必须以专利维持制度为依托。专利制度中现有技术和创造性标准、专利维持年费和侵权赔偿等制度对专利维持制度具有重要影响。从平衡专利权人个体利益与社会公共利益的功能来看，专利维持制度是一项公共政策；而从专利权人自身利益角度来看，专利维持制度是平衡专利成本与收益的重要工具。

其次，专利维持时间不仅反映专利制度的运行绩效，也反映专利质量的高低；影响其变化的因素繁多且庞杂。达到最优维持时间的专利数占授权专利总数的比例是衡量专利制度运行绩效的重要指标；专利维持时间反映了专利质量，用专利维持时间评价专利质量是一种相对较好的方法，但因专利质量内涵的模糊性和评价指标的复杂性，运用专利维持时间评价专利质量会产生一定的误差；专利维持时间受专利制度中其他制度、专利技术及相关信息、专利管理水平、技术交易制度、政府资助政策等因素的影响。

再次，专利维持年费制度是调整专利维持时间、完善专利维持制度、提高专利制度运行绩效的重要机制。专利维持年费制度通过增加专利维持成本，影响专利维持时间，平衡专利权人和社会公众之间的利益。美国、日本和欧洲及我国专利维持年费制度的特点对专利维持制度的影响各异。专利局实行自负盈亏财政制度时，专利维持年费制度对专利制度的支撑作用可能会背离“提高专利制度绩效和促进技术创新”的初衷。

最后，实证研究表明，我国国家知识产权局授权专利的维持时间较短，因未交维持年费被终止的专利数量较多，且被终止的速度快。就专利信息而言，申请人国别、审查时间、权利主体类型、发明人数和权利要求数对专利维持时间的影响程度依次减弱。从创新主体的类型来看，工矿企业专利维持时间最长，个人次之，科研院所专利维持时间最短。从技术领域来看，电学类专利维持时间最长，次之是物理类、作业和运输类，第三是生活需要类和机械工程、照明、加热、武器、爆破类，第四是化学和冶金类及固定建筑物类，纺织和造纸类专利维持时间最短。从权利人国别看，国外权利人拥有的专利比国内权利人拥有的专利维持时间明显较长。

# Abstract

The patent maintenance system is an important mechanism to promote innovation of the patent system. Research of the patent maintenance system is of great significance for the enhancement of the capacity to run and manage patent of innovation subjects and the improvement of patent system performance and the implementation effect of the National Intellectual Property Strategy. By the theoretical and empirical research of the patent maintenance system, this dissertation concludes as follows.

First of all, the patent maintenance system is one of the core parts of the patent system, together with the other parts, composing an organic system of the patent system and powering it to function normally. The achievements of the ultimate purpose of the patent system depend on effective practice of the patent maintenance system. The judgment of prior art and inventiveness standard, the patent maintenance annual fee system, and the tort reparation system all exert an important influence on the patent maintenance system. From the perspective of balancing individual interests and public interest, the patent maintenance system is a public policy. While from the patentees' interest view, the patent maintenance system is a tool to balance the costs and the benefits of patent.

Secondly, the patent maintenance time reflects the performance of the patent system and the patent quality as well. The factors affecting the patent maintenance time are numerous and heterogeneous. The proportion of the amount of patents of maintenance time to reach its optimal maintenance time among all granted patents is an important indicator to measure the level of the patent system performance. The patent maintenance time to some extent reflects the patent quality, therefore can be considered as relatively a better indicator of the patent quality than other ways. However, because of the ambiguity of the patent quality content and the complexity of the evaluation indicator, there are some errors to evaluating the patent quality by the patent maintenance time. The patent maintenance times is affected by some factors including other systems of the patent system, the technologies, the patent management levels, the technical trading systems, the government-funding policies etc.

Thirdly, the patent maintenance annual fee system is an important mechanism to adjust the patent maintenance time, perfect patent maintenance system, and to improve the patent system performance. The patent maintenance annual fee system influences the patent maintenance time by increasing the patent maintenance cost and thus balances the patentee's interests and the public interests. The patent maintenance annual fee systems of the United States, Japan, Europe and China have their respective characteristics. When the self-funding financial policy is implemented in the patent offices, the supportive role of the patent maintenance system for patent system may deviate from its original purpose to improve the patent system performance and to promote technological innovation.

Finally, the empirical study shows that the average maintenance time of the patents granted by the State Intellectual Property Office of the P. R. C is short, the amount of patents terminated by unpaid fee is large, and the terminating speed is high. From the patent information perspective, influences of the applicant's country, the examination time, types of patentees, the number of inventor and the number of claims on the paten maintenance time declines progressively. In terms of innovation subject types, the patent maintenance times of enterprises are the longest, followed by individuals, institutes and universities. From the view of technological fields, the patent maintenance time of Electricity is the longest, followed in turn by the Physics' and the Performing operations' and the Transporting; the Human necessities and the Mechanical engineering, Lighting, Heating, Weapons, Blasting; the Chemistry and Metallurgy, the Fixed constructions; the Textiles and Paper. From the perspective of patentees' nationalities, the maintenance time of the patents from foreigners is obviously longer than domestic patents'.

# 目　　录


**第一章　绪论** …… (1)
第一节　研究目的和意义 …… (1)
一、研究目的 …… (1)
二、研究意义 …… (2)
第二节　文献综述 …… (5)
一、国外研究现状 …… (5)
二、国内研究现状 …… (16)
三、国内外研究现状评述 …… (19)
第三节　主要创新点 …… (22)
第四节　研究方法 …… (26)
第五节　框架结构 …… (28)
**第二章　专利维持制度理论分析** …… (30)
第一节　专利维持制度与专利制度运行绩效 …… (31)
一、专利保护期限与专利制度运行 …… (32)
二、专利维持制度的优劣程度与专利制度的运行绩效 …… (37)
三、专利维持状况与专利制度运行绩效的评价指标 …… (39)
第二节　专利维持制度与专利制度中的其他相关制度 …… (41)

一、专利维持制度与专利保护范围 ……………… (41)
二、专利维持制度与专利创造性标准 ……………… (44)
三、专利维持制度与专利侵权的认定和赔偿数额确定方式 ……………… (45)
四、专利维持制度与专利维持年费制度 ……………… (46)
第三节 专利维持制度理论模型 ……………… (46)
一、基于创新主体的专利维持理论模型 ……………… (47)
二、基于公共政策维度的专利维持理论模型 ……… (50)
三、完善现有专利维持理论模型需要考虑的问题 ……………… (54)
第四节 专利维持制度理论架构 ……………… (56)
第五节 本章小结 ……………… (57)
**第三章 专利维持时间及其影响因素** ……………… (59)
第一节 专利维持时间及其相关概念 ……………… (60)
一、专利维持时间与专利法定保护期 ……………… (60)
二、专利最优保护期与专利法定保护期 ……………… (61)
三、专利维持时间与专利最优维持时间 ……………… (62)
第二节 专利维持时间与专利质量 ……………… (63)
一、专利质量的界定 ……………… (63)
二、专利维持时间与专利质量的关系 ……………… (65)
第三节 专利维持时间与技术创新能力 ……………… (68)
一、专利信息与技术创新能力评价指标 ……………… (68)
二、专利维持时间与专利制度促进技术创新作用的幅度 ……………… (71)
第四节 影响专利维持时间的主要因素 ……………… (72)
一、专利技术信息及商业化程度对专利维持

时间的影响 …………………………………………（72）
二、专利制度及授权机构对专利维持时间的影响 …………………………………………（79）
三、专利管理制度及专利战略对专利维持时间的影响 …………………………………………（80）
第五节 本章小结 …………………………………………（85）
**第四章 专利维持年费制度及其优化** …………………………（86）
第一节 专利维持年费制度在专利维持制度中的作用 …………………………………………（87）
一、专利维持年费机制的内涵及其发展 ……………（87）
二、专利维持年费机制与现代专利制度 ……………（89）
三、专利维持年费机制的运行机理 …………………（91）
四、专利维持年费机制的作用 ………………………（94）
第二节 主要国家或地区专利维持年费制度分析……（97）
一、美国专利维持年费制度及特点 …………………（98）
二、欧洲专利维持年费制度及特点 ………………（100）
三、日本专利维持年费制度及特点 ………………（102）
四、我国专利维持年费制度及特点 ………………（104）
五、美日欧及我国专利维持年费制度比较 ………（106）
六、完善我国制度模式的建议 ……………………（107）
第三节 专利局财政制度对专利维持制度的影响 …………………………………………（108）
第四节 优化专利维持年费制度的必要性及建议 …………………………………………（113）
一、基于企业研发视角优化专利维持年费制度的必要性 …………………………………（113）

二、优化专利维持年费制度的建议 ……………… (115)
第五节 本章小结 ………………………………………… (117)
**第五章 我国专利维持总体实证研究** ……………… (119)
第一节 数据收集统计和变量设计 ……………… (120)
一、数据收集 ………………………………………… (121)
二、数据统计方法 …………………………………… (122)
三、变量设计 ………………………………………… (123)
第二节 我国专利维持时间基本情况分析 ………… (124)
一、我国国家知识产权局授权专利的法律状态 ……………………………………………… (125)
二、因未缴年费被终止专利数量随维持时间变化 ……………………………………………… (126)
三、中美不同时间段因未缴年费而被终止的专利相关定距变量比较 ………………………… (130)
第三节 基于专利信息的专利维持时间影响因素分析 ………………………………………… (138)
一、专利维持时间影响因素回归结果 ……………… (138)
二、专利维持时间影响因素回归结果分析 ……… (140)
三、专利维持时间影响因素回归结论及启示 …… (143)
第四节 本章小结 ………………………………………… (144)
**第六章 我国专利维持分类实证研究** ……………… (146)
第一节 不同类型创新主体拥有专利维持及相关信息分析 ………………………………………… (146)
一、不同类型创新主体拥有专利的权利要求数 ……………………………………………… (147)
二、不同类型创新主体拥有专利审查时间 ……… (148)

三、不同类型创新主体拥有专利中国内专利和国外专利 …………………………………………… (149)
四、不同类型创新主体拥有专利的发明人数 …… (150)
五、不同类型创新主体拥有专利的相关定距变量 ……………………………………………… (151)
六、不同类型创新主体拥有发明专利法律状态及被终止情况…………………………………… (152)
第二节 不同技术领域专利维持情况分析 ………… (156)
一、不同技术领域专利维持时间和法律状态 …… (157)
二、不同技术领域在不同时间段专利维持趋势分析 ……………………………………………… (161)
三、不同技术领域专利情报相关数据 …………… (164)
第三节 不同国别专利权人专利维持情况分析 …… (170)
一、国内外专利的法律状态 ……………………… (171)
二、国内外专利的有关定距变量 ………………… (172)
三、国内外专利的维持时间 ……………………… (173)
四、国内外专利的权利要求数 …………………… (174)
五、国内外专利的发明人数 ……………………… (175)
六、不同技术领域国内外被终止专利数占各自总专利数比例…………………………………… (176)
第四节 我国专利维持状况的启示及对策 ………… (178)
一、我国专利维持状况的启示 …………………… (178)
二、优化我国专利维持状况的建议 ……………… (179)
第五节 本章小结…………………………………… (181)
**第七章 结论与展望** …………………………………… (182)
第一节 结论………………………………………… (182)

第二节　展望 ………………………………………………………… (185)
**参考文献** ……………………………………………………………… (188)
**附录　专利年费计算参考表（2008 年修订）** …………… (204)
**后记** ………………………………………………………………… (205)

# 第一章 绪 论

## 第一节 研究目的和意义

### 一、研究目的

专利维持制度对现代专利制度的正常运行发挥着不可替代的作用。它与专利授权标准，即判断新颖性的现有技术范围、创造性标准高度以及侵权认定及其赔偿方式等制度，共同协调专利制度作用的正常发挥。但是因为专利制度的法律属性，关于发明创造保护的研究，主要集中在专利授权标准、侵权认定和赔偿制度等领域。其实专利维持制度也是构成保护发明创造的重要制度，但该研究领域却没有引起学者的重视。本书的研究目的是在对专利[1]维持[2]制度、专利维持时间和专利维持年费[3]制度等问题研究的基础上，提出专利维持制

---

[1] 实用新型和外观设计授权不需实质审查，与通过实质审查的发明专利的维持时间不具有可比性，所以本书所称“专利”，如果没有特别说明，仅指发明专利，不考虑实用新型专利和外观设计专利。

[2] 专利维持是指在专利法定保护期内，专利权人向专利行政部门缴纳规定数量维持费使得专利继续有效的过程。

[3] 专利维持年费，又称专利维持费、专利年费，是指在专利法定保护期内，为了使专利继续有效，专利权人必须向专利行政部门缴纳的费用。

度的理论架构，并通过对我国国家知识产权局授权专利的整体维持状况以及不同类型创新主体、不同技术领域和国内权利人和国外专利权人的专利维持情况的比较研究，分析我国专利维持中存在的问题，并提出相应建议。

## 二、研究意义

随着知识经济的不断发展和全球化程度的逐渐加深，知识产权特别是高质量的专利，已经成为国家发展的重要战略资源和创新主体核心竞争力的关键要素。我国知识产权事业取得重大成就的同时，也存在一些问题。2010 年 2 月，我国国家知识产权局局长田力普将这些问题归纳为四个方面：知识产权制度的作用尚未充分发挥；知识产权创造和运用水平仍需进一步提高；知识产权管理机构体系尚未健全；执法保护工作仍需进一步加强。[1] 专利制度是知识产权制度中重要的制度之一，专利维持制度是专利制度的核心制度之一。专利维持状况是衡量专利质量、技术创新能力的重要指标。它是专利维持机制及相关理论作用的结果，所以研究专利维持制度，考察我国专利维持的实际状况，对健全知识产权管理体系、提高知识产权运用和管理能力，提高我国专利制度的运行绩效、有效实施国家知识产权战略、建设创新型国家具有重要意义。

首先，专利维持制度及实证研究有利于相对准确地掌握我国创新主体的专利创造、运用、保护和管理能力。《国家知

---

[1] http://www.sipo.gov.cn/sipo2008/mtjj/2009/201002/t20100202_489279.html 2010-2-3.

识产权战略纲要》指出，实施国家知识产权战略，大力提升知识产权创造、运用、保护和管理能力，有利于增强我国自主创新能力，建设创新型国家；有利于增强我国企业市场竞争力和提高国家核心竞争力。2009 年 11 月 3 日，温家宝总理在题为《让科技引领中国可持续发展》的讲话中指出，要大幅度提升知识产权的创造、运用、保护和管理能力，为建设创新型国家提供有力支撑。作为知识产权主要类型的专利，其维持状况在两方面反映知识产权的创造、运用、保护和管理能力。一是专利维持数量反映专利的总体拥有量，从整体上表现专利的创造、运用、保护和管理能力。二是特定创新主体拥有专利的维持时间反映其个体专利的运用、保护和管理能力。专利运用、保护和管理能力的高低直接关系到专利的收益。如果专利运用、保护和管理能力高，那么在同等条件下，专利收益率就高，专利维持时间较长；反之，专利维持时间较短。

其次，专利维持制度及实证研究有利于深入了解我国现有专利的质量，为进一步提高专利质量、提升技术创新能力提供依据。截至 2010 年 12 月，我国三种专利授权总量达到 389.7359 万件；其中发明专利授权 72.1753 万件，占 18.5% 。[1] 这说明我国授权专利数量已经非常可观，而且发展速度迅猛；但这并不能说明我国授权专利的质量高低。近年来，专利质量问题受到国内外相关机构及专家学者的重视，尽管有所提高，但是问题仍然比较严重。为此，《国民经济和

[1] http://www.sipo.gov.cn/sipo2008/ghfzs/zltj/gnwszzlsqzkzljb/201101/t20110110_562654.html 2011-4-28.

社会发展第十二个五年规划纲要》将“每万人发明专利拥有量”明确列入“十二五”时期经济社会发展主要指标，提出到2015年，每万人发明专利拥有量要从2010年的1.7件提高到3.3件。这标志着发明专利拥有量已经成为国民经济和社会发展综合考核指标体系的重要组成部分。2009年，我国将有效专利[1]作为新指标首次列入我国国民经济和社会发展统计公报，这标志着有效专利已经正式成为经济社会发展综合评价体系的重要指标。本书认为，与申请量和授权量乃至有效专利的数量相比，专利维持状况更能体现专利的质量，更能反映企业、地区乃至国家的核心竞争力。所以研究专利维持问题对于查清我国专利质量、寻找提高专利质量的途径、提高创新主体的技术创新能力非常重要。

最后，专利维持制度及实证研究有利于完善专利制度，提高专利制度运行绩效。本书所称的专利维持制度，简言之，是指通过调整专利维持年费的数额和结构，即调整专利维持成本，改变专利维持时间，进而影响专利权人的个人收益和社会收益的平衡，影响专利制度运行绩效的相关制度体系。因为专利维持制度直接影响专利人的个体收益和社会收益的平衡问题，所以专利维持制度成为专利制度不可或缺的重要组成部分。我国现有专利维持制度问题研究较为欠缺，更加强化了对这一问题进行深入研究的必要性和迫切性。

总之，专利维持制度及我国专利维持情况的实证研究，对提高我国国家知识产权战略的实施效果、加速创新型国家建设具有重要意义。

---

[1] 有效专利是指统计数据时，处于维持状态的专利。

## 第二节 文献综述

### 一、国外研究现状

根据本书作者收集的现有研究资料，国外关于专利维持问题的研究主要集中在专利维持理论模型、专利维持时间与专利价值或质量、专利维持年费制度和专利维持状况等方面。

#### （一）专利维持理论模型

对专利维持模型问题的最早关注可以追溯到诺德豪斯（Nordhaus）关于专利寿命的研究，[1][2] 但是影响较大的研究成果应该属于佩克斯（Pakes）和尚克曼（Schankerman）在1984年和1986年提出的关于专利维持时间的模型，后来的研究主要是对这两个模型的扩展和完善。佩克斯和尚克曼通过研究专利技术公开特征拓宽了专利维持模式关注点的同时，将专利族数（a patent cohort）和专利权人国别两个变量作为模型参数。[3] 该模型为专利维持理论模型研究奠定了基础。尚克曼和佩克斯运用在特定时间专利维持比例与维持费数额相结合的简单经济模型研究了专利维持状况，并比较了1955～

---

❶ D. Nordhaus, Invention, Growth, Welfare. A Theoretical Treatment of Technological Change [M]. Cambridge: Mass, 1969, ch. 5.

❷ D. Nordhaus. The Optimum Life of a Patent: Reply [J]. The American Economic Review, 1972, 62 (3): 428－431.

❸ A. Pakes, M. Schankerman. The Rate of Obsolescence of Patents, Research Gestation Lags, and the Private Rate of Return to Research Resources, in Zvi Griliches, ed., R&D, Patents, and Productivity [M]. Chicago: University of Chicago Press, 1984, 73－88.

1975 年期间英法德三国的专利数量及其价值。他们认为，专利维持状况不仅取决于专利技术方案（the patented ideas）的内在价值，同时受专利保护水平的影响较大。❶

为了在较大程度上确定专利维持数据中可以获得专利价值分布的详细信息，佩克斯和辛普森（Simpson）构建了一种不再依赖更多假设函数评估和检验方法的模型。他们通过运用无参数检验方法对芬兰和挪威的专利维持数据研究后，得出了与尚克曼和佩克斯研究结论相类似的结果。所不同的是，芬兰的专利数量和质量呈现逆相关。❷

帕特南（Putnam）将专利申请数据融入专利保护价值分析。他拓宽了佩克斯和尚克曼在 1984 年提出的分析框架，将发明人是否在每一个国家都申请专利的想法也考虑在发明人事先的决定中。❸ 与佩克斯提出的模型相比，兰尼欧（Lanjouw）提出的随机模型具有如下特点：一是运用了比较新但比较零散的数据；二是考虑了新的要素，即专利权人为了实现专利的最大价值，愿意采取措施防御其专利被侵权。兰尼欧还利用该模型，结合专利维持数据与研究机构实际情况评估了不同研究机构的绩效和专利政策改革效果。❹

---

❶ M. Schankerman, A. Pakes. Estimates of the Value of Patent Rights in European Countries during the Post-1950 Period [J]. The Economic Journal, 1986, 96 (12): 1052 - 1076.

❷ A. Pakes, M. Simpson. Patent Renewal Data [R]. Brookings Papers: Microeconomics, 1989, 331 - 410.

❸ J. Putnam. The value of international patent rights [D]. Ph. D. Dissertation, Yale University, 1996.

❹ J. O. Lanjouw. Patent Protection in the Shadow of Infringement: Simulation Estimations of Patent Value [J]. Review of Economic Studies, 1998, 65: 671 - 710.

## （二）专利维持时间与专利价值或质量

### 1. 专利维持时间与专利价值

埃斯皮纳（Espina）认为，专利价值是预期支付流（包括技术转让费和后续独立发明的代价）、未来不确定性的折现率、预期专利维持成本（专利维持费用）以及防御专利产生支付流（法律费用）的成本构成的函数。[1] 一些学者从三个方面研究了单件专利的价值：一是通过直接调查评估单件专利的价值；[2][3] 二是通过评价企业的市场价值或利润评估单件专利的价值；[4][5] 三是运用专利维持费和维持率评估单件专利的价值。[6][7]

---

[1] M. I. Espina. To Renew or not to Renew: An Empirical Study of Patent Valuation and Maintenance by the U. S. Pharmaceutical Industry [D]. Rensselaer Polytechnic Institute, PhD, 2003.

[2] F. M. Scherer, D. Harhoff. Technology Policy for a World of Skew-distributed Outcomes [J]. Research Policy, 2000, 29 (4): 559 - 566.

[3] D. Harhoff, F. M. Scherer, K. Vopel. Exploring the Tail of Patented Invention Value Distribution [M]. In O. Granstrand (Ed.), Economics, law and intellectual property: Seeking strategies for research and teaching in a developing field. Kluwer Academic Publishers, 2003.

[4] B. H. Hall, A. Jaffe, M. Trajtenberg. Market Value and Patent Citations [J]. The Rand Journal of Economics, 2005, 36 (1): 16 - 38.

[5] B. H. Hall, M. MacGarvie. The Private Value of Software Patents [R]. 2006, NBER working paper 12195

[6] A. Pakes, M. Schankerman. The rate of obsolescence of knowledge, research gestation lags, and the private rate of return to research resources [R]. 1979, NBER working paper series 346.

[7] M. Schankerman, A. Pakes. Estimates of the Value of Patent Rights in European Countries during the Post-1950 Period [J]. The Economic Journal, 1986, 96 (12): 1052 - 1076.

尚克曼和佩克斯发现只有大约一半以上的欧洲专利维持到 10 年以上，只有 10% 的专利维持到法定时间届满。他们通过评估专利价值的分布和专利的跌价率（the rate of depreciation）认为，专利价值越大，维持时间越长。[1] 尚克曼依据专利权人缴纳专利维持费用的行为评价了专利数量变化、专利价值的不规则（skew）分布、专利的无效率及专利的总体价值等问题。[2]

格里利切斯（Griliches）指出，专利权人只有觉得在经济上有利可图时，才会继续维持其专利。需要维持的专利价值反映了将来特定维持时间内基于该专利的经济价值大小。不过，大多数专利的价值较低，且贬值速度较快，只有很少的专利具有较高的经济价值。这些研究都基于这样一个假设，即价值较高的专利要比价值较低的专利的维持时间长，专利权人只会维持能为其带来更多经济效益的专利，所以专利维持率在一定程度上反映了不同时间段专利整体经济价值的大小。[3]

2. 专利维持时间与专利质量

严格地讲，专利质量与专利价值是两个概念，所以相关学者对专利维持时间与专利质量、专利维持时间与专利价值两个问题分别进行了研究。

---

[1] M. Schankerman, A. Pakes. Estimates of the Value of Patent Rights in European Countries during the Post－1950 Period［J］. The Economic Journal, 1986, 96（12）: 1052－1076.

[2] M. Schankerman. Estimates of the Value of Patent Rights in European Countries During the Post-1950 Pcriod［R］. NBER. Working Paper 1650. June 1985.

[3] A. Griliches. Patent Statistics as Economic Indicators: A Survey［J］. Journal of Economic Literature, 1990, 28: 1661－1701.

关于如何确定专利质量，存在很多有趣的观点。❶ 尚克曼和佩克斯研究了专利“质量”的概念，并提出高质量的专利能够直接带来商业利益；但是专利的“质量”并不仅仅指其商业价值，有些专利也可能因为其对后续创新的影响而具有较高的质量。❷ 特拉基藤伯格（Trajtenberg）认为，技术领域会影响专利质量，从而影响专利的维持情况。❸

专利数量和质量问题早已作为衡量公共政策中自主创新产出和商业价值的重要指标。❹❺ 尽管简单的专利数量统计很容易做到，但是授予专利权的发明千差万别，所以运用简单的专利统计衡量专利价值明显不够准确。不少学者的研究结论认为，专利质量是评价创新产品的重要指标之一。❻❼❽ 尽

---

❶ J. O. Lanjouw. Patent Protection in the Shadow of Infringement: Simulation Estimations of Patent Value [J]. Review of Economic Studies, 1998, 65: 671 -710

❷ M. Schankerman, A. Pakes, Estimates of the Value of Patent Rights in European Countries during the Post-1950 Period [J]. The Economic Journal, 1986, 96 (12): 1052 -1076.

❸ M. A. Trajtenberg. Penny for Your Quotes: Patent Citations and the Value of Innovations [J]. The Rand Journal of Economics, 1990, 21: 172 -187.

❹ Z. Griliches. Patents: Recent Trends and Puzzles [R]. Brookings Papers: Microeconomics, 1989: 291 -319.

❺ Z. Griliches. Patent Statistics as Economic Indicators: A Survey [J]. Journal of Economic Literature, 1990, 28 (4): 1661 -1707.

❻ A. J. Acs, D. B. Audretsch. Innovation in Large and Small Firms: An Empirical Analysis [J]. American Economic Review, 1988, 78 (4): 678 -690.

❼ Z. Griliches. Patent Statistics as Economic Indicators: A Survey [J] Journal of Economic Literature, 1990, 28 (4): 1661 -1707.

❽ R. W. Holthausen, D. R. Larker, R. G. Sloan, Business unit innovation and the structure of executive compensation [J]. Journal of Accounting and Economics, 1995, 19: 279 -313.

管不同专利的质量千差万别，但专利数量早已经被认为与企业价值、利润和规模的增长相关。[1][2] 专利数量在一定程度上显示高质量专利的可能性，毕竟数量是质量的基础，没有数量就不会有质量，所以专利数量有时也被用作评估专利价值的指标。当然有了数量也不必然有高质量的专利，所以这种评估方式只能说是评估专利质量高低的概率。

尚克曼和佩克斯通过模型预计专利维持比例序列和描述初始回报分布与衰减速率的参数矢量两者之间的关系得出专利质量的分布并描述其随时间变化特征的方法。[3] 沙利文（Sullivan）采用类似方法对英国和爱尔兰的1852～1876年专利质量进行了评价。[4] 穆尔（Kimberly A. Moore）通过对美国近10 000余件授权专利的维持时间的特征研究发现了一些维持时间长的专利的共同特征，从而为评价专利质量提供了较为充分的证据。[5]

海勒（Heller）和艾森伯格（Eisenberg）认为，专利质量的非正常降低会影响专利制度的整体运行绩效。低质量专利过多可能会在发明人及其发明使用者之间产生较高的不确定性，从而降低创新的步伐。大量低质量的专利将大幅度增加

---

❶ Z. Griliches. Patent Statistics as Economic Indicators：A Survey [J]. Journal of Economic Literature，1990，28（4）：1661－1707.

❷ D. B. Balkin，G. D. Markman. L. Gomez-Mejia. Is CEO pay in high-technology firms related to innovation [J]. Academy of Management Journal，2000，43（6）：1118－1129.

❸ M. Schankerman，A. Pakes. Estimates of the Value of Patent Rights in European Countries during the Post-1950 Period [J]. The Economic Journal，1986，96（12）：1052－1076.

❹ R. J. Sullivan. Estimates of the Value of Patent Rights in Britain and Ireland：1852－1876 [J]. Economics，1994，61（2）：37－58.

❺ K. Moore. Xenophobia in American Courts [J]. NW. U. L. REV. 2005（97）：1497，1543－44.

由取得知识和运用知识产生的产权分割难度。例如大量的专利权人都有权排除其他人运用其专利权，从而使得很少有人可以有效地使用其专利权。专利质量标准的降低也有可能激发专利申请的大幅增加，进一步加大已经负担过重的专利局的工作量。专利质量不仅与在相关科技领域中产生的效益有关，而且直接影响后续创新的质量和数量。[1]

### （三）专利维持年费制度

1. 专利维持年费机制

虽然绝大多数国家或者地区都规定了统一的专利保护期限，但是专利维持年费用制度形成了专利不同寿命的现实。尽管专利维持年费数额较低（不同国家的维持费以及同一国家专利维持不同阶段的数额存在一定差距），但是不少专利因未交专利年费而被终止。专利维持时间的计量经济学研究量化了专利保护体现的产权价值，也清晰地反映了专利权人决定是否维持专利、维持多长时间以及缴纳专利维持费用情况，使得专利继续受到保护的情况。[2][3][4]

斯科奇姆（Scotchmer）认为，专利维持费用潜在地平衡了相关方面的关系。在特定条件下，可以通过调整专利维持

---

[1] M. A. Heller, Eisenberg R. S. . Can Patents Deter Innovation [J]. The Anti-communism in Biomedical Research, Science, 1998, 280 (5): 698 -701.

[2] M. Schankerman, A. Pakes. Estimates of the Value of Patent Rights in European Countries during the Post-1950 Period [J]. The Economic Journal, 1986, 96 (12): 1052 - 1076.

[3] A. Pakes. Patents as Options: Some Estimates of the Value of Holding European Patent Stocks [J]. Econometrica, 1986, 54: 755 -784.

[4] J. Lanjouw. Patent Protection in the Shadow of Infringement: Simulation Estimations of Patent Value [D]. Yale University, 1993.

费制度来完善专利制度，进而促进社会的技术创新。❶ 科尔奈利（Cornelli）和尚克曼也有类似的结论。他们认为，适度提高专利维持费用、减少专利维持时间，可以增加更多的后续发明。这有利于提升社会福利，鼓励更多高水平的研究者进行研发活动。❷ 斯科奇姆同时认为，专利维持费用结构是立法者为专利权人确立的专利保护效果选项（a menu patent protection）的选择。这种选择要求专利权人必须平衡专利维持的成本和专利维持时间之间的关系，所以调整专利维持费用结构成为改革专利维持状况的有效措施之一。❸

波德利（Baudry）和杜蒙特（Dumont）认为，专利届满率的高低说明专利维持年费可以用来说明专利质量的高低，也说明在较低的社会成本条件下运用专利维持年费用制度设计一项确定专利预期收益制度的可能性。❹ 中西（Nakanishi）和山田（Yamada）认为，专利维持年费不是连续变量，因为在很多国家中，专利维持年费的数额在申请或授权后以 3 年或者 5 年为一个基本单元逐渐递增，所以他们提出的考虑专利维持年费不连续变量的规范模型更接近真实情况。❺

---

❶ S. Scotchmer. On the Optimality of the Patent Renewal System [J]. The Rand Journal of Economics, 1999, 30 (2): 181 - 196.

❷ F. Cornelli, M. Schankerman. Patent Renewals and R&D Inventive [J]. The Rand Journal of Economics, 1999, 30 (2): 197 - 213.

❸ S. Scotchmer. On the Optimality of the Patent Renewal System [J]. The Rand Journal of Economics, 1999, 30 (2): 181 - 196.

❹ M. Baudry, B. Dumont. Patent Renewals as Options: Improving the Mechanisms for Weeding out Lousy Patents [J]. Review of Industrial Organization, 2006, 28 (1): 41 - 62.

❺ Yasuo Nakanishi and Setsuo Yamada. Measuring the Rate of Obsolescence of Patents in Japanese. MPRA Paper No. 10837, posted 30. September 2008 / 04: 13.

也有学者认为，专利维持时间的不同在一定程度上是由专利维持年费结构所致，政府可利用专利维持费机制，将其作为一种战略手段，促进创新，为社会增加福利。

2. 专利维持年费机制与专利局自负盈亏的财政制度

专利局自负盈亏的财政制度对专利维持年费制度的影响受到越来越多的学者关注。[1][2] 甘斯（Gans）、金（King）和兰普（Lampe）认为，专利局自负盈亏的财政制度已经不合理地延长了专利维持时间。由于较低的专利维持年费导致专利维持数量的增加提升了发明人的预期收益，而这些收益却被专利局通过较高的专利申请费所吸收。专利局自负盈亏的财政制度导致专利维持费用的降低似乎是协调的，但当专利局因为自负盈亏制度导致经费紧张时，它能够做到的工作便是重新调整专利费用。[3]

现有研究显示，外部财政资助对专利申请和专利商业化非常重要。但实证结果并没有证明，外部资助与专利维持决定是否直接相关。[4][5]

---

[1] R. Merges. As Many as Six Impossible Patents before Breakfast : Property Right for Business Concepts and Patent System Reforms [J]. Berkeley Technology Law Journal, 1999, 14: 577 -615.

[2] M. Lemley A.. Rational Ignorance at the Patent Office [J]. Northwestern University Law Review, 2001, 95 (4): 1495 -1532.

[3] J. S. Gans, S. P. King, R. Lampe. Patent Renewal Fees and Self-Funding Patent Offices [J]. The B. E. Journals in Theoretical Economics, 2004, 4 (1): 1 -16.

[4] S. Kortum, J. Lerner. Assessing the Contribution of Venture Capital to Innovation [J]. The Rand Journal of Economics, 2000, 31: 674 -92.

[5] R. Svensson. Commercialization of Patents and External Financing during the R&D-Phase [J]. Research Policy, 2007, 36 (7): 1052 -69.

## （四）专利维持状况

### 1. 专利维持情况

尽管专利权人可以通过缴纳维持年费将专利维持到最高法定期限，但有不少研究结果显示，很多专利维持时间较短。曼斯菲尔德（Mansfield）通过调查证明，美国一些行业约60%专利在授权后4年之内被终止，这个维持时间远远小于当时规定的法定时间17年。[1] 该研究成果被莱文（Levin）等进一步证实。[2] 尚克曼和佩克斯从专利维持数据反映的专利有效寿命证明了同一观点：欧洲专利价值以每年20%的速率丧失。[3] 佩克斯的研究显示只有7%的法国专利和11%的德国专利维持到法定届满（也可参见佩克斯和尚克曼的研究成果）。[4][5] 兰尼欧（Lanjouw）通过对德国专利进行更多分类模

---

[1] E. Mansfield. R&D and Innovation: Some Empirical Findings, in Zvi Griliches, ed., R&D, Patents and Productivity [M]. Chicago: University of Chicago Press for the National Bureau of Economic Research, 1984.

[2] R. Levin, A. Klevorick, R. Nelson, S. Winter. Appropriating the Returns From Industrial Research and Development [J]. Brookings Papers: Microeconomids, 1987: 783 - 820.

[3] M. Schankerman, A. Pakes. Estimates of the Value of Patent Rights in European Countries during the Post-1950 Period [J]. The Economic Journal, 1986, 96 (12): 1052 - 1076.

[4] A. Pakes. Patents as Options: Some Estimates of the Valuc of Holding European Patent Stocks [J]. Econometrica, 1986, 54: 755 - 785.

[5] A. Pakes, M. Schankerman. The Rate of Obsolescence of Patents, Research Gestation Lags, and the Private Rate of Return to Research Resources, in Zvi Griliches, ed., R&D, Patents, and Productivity [M]. Chicago: University of Chicago Press, 1984, 73 - 88.

式的研究表明，只有不到 50% 的专利维持时间超过 10 年。❶兰尼欧、佩克斯和帕特南（Putnam）（1996）的调查显示，不同技术领域和不同国家专利的维持在 10 年以上的不超过 50%。❷兰尼欧对德国专利维持状况的研究、尚克曼对法国专利维持状况的研究结论，都证实了这一点。❸❹

2. 专利被终止率

自从格里利切斯在 1979 年的开拓性研究开始，学者在专利维持率方面进行了一系列的研究。❺尚克曼曾经用专利被终止率评估专利的价值。其研究方法主要依据是运用专利价值和专利维持成本的关系对专利维持可能性的评估。他认为，在专利诉讼、企业市场价值（包括专利的市场价值）评估过程中，通过对专利和研发关系的经济分析对评估专利价值非常有意义。❻中岛（Nakajima）和声柏（Shinpo）也研究了专

❶ J. Lanjouw. Patent Protection in the Shadow of Infringement: Simulation Estimations of Patent Value [D]. Mimeograph, Department of Economics, Yale University, 1993.

❷ J. Lanjouw, A. Pakes, J. Putnam. How to Count Patents and Value Intellectual Property: Uses of Patent Renewal and Applications Data [J]. Journal of Industrial Economics, 1998, 66 (4): 405-433

❸ J. Lanjouw. Patent Value in the Shadow of Infringement: Simulation Estimations of Patent Value [J]. Review of Economic Studies, 1998, 65: 671-710

❹ M. Schankerman. How valuable is patent protection [J]. The Rand Journal of Economics, 1998, 29: 77-107.

❺ Z. Griliches. Issues in Assessing the Contribution of Research and Development to Productivity Growth [J]. Bell Journal of Economics, 1979, 10 (1): 92-116.

❻ M. Schankerman. How Valuable is Patent Protection [J]. The Rand Journal of Economics, 1998, 29: 77-107.

利被终止率的评估。[1] 戈特（Goto）、本城（Honjyo）、铃木（Suzuki）和泷野泽（Takinozawa）基于博思沃斯（Bosworth）在1978年提出的方法对专利被终止率评估进行了研究，该研究的不足是没有考虑专利维持的成本。[2] 中岛和声柏运用尚克曼在1998年提出的评估方法对日本的相关专利数据进行了评估，但是该研究所使用的数据存在较大的缺陷，即数据量小且过于集中，而且其评估结论意义不大。[3]

现有的关于专利维持问题的研究多数是基于德法等一些欧洲国家专利局授权专利的数据，其原因是这些专利局设立专利维持费用制度至今已经约50多年，而美国专利商标局使用专利维持费用制度至今仅20多年。另外，欧洲绝大多数国家授权专利要求每年缴纳专利维持费，所以有很多的专利维持记录。而美国专利维持费用制度只是在1982年年底才开始生效，所以专利维持的相关数据相对欧洲一些国家来说较少。

## 二、国内研究现状

与国外研究相比，国内关于专利维持问题的研究才刚刚开始。国内现有研究主要集中在专利维持情况、有效专利、专利最优保护期等方面。

---

[1] T. Nakajima, K. Shinpo. Does R&D Investment Reduce Labor Demand [J]. Mita Business Review, 1998, 4: 145-172.

[2] A. Goto, N. Honjyo, K. Suzuki. Takinozawa, M. Eocomic Analysis of Research and Development and Technological Progress [J]. (in Japanese) Economic Analysis, 1986, 103.

[3] Y. Nakanishi, S. Yamada. Measuring the Rate of Obsolescence of Patents in Japanese [R]. MPRA Paper No. 10837 posted 30. September 2008 / 04: 13.

### （一）专利维持问题

朱雪忠和乔永忠等对我国国家知识产权局1994年授权发明专利的研究结果表明，仅从因未缴专利年费而被终止的视角来看，中国国家知识产权局授权的发明专利平均维持时间短，发明专利质量不高。[1] 乔永忠从专利信息视角对影响发明专利维持时间的因素进行了分析，其结论为：申请人的国别、从申请到授权所需时间、权利主体类型、发明人数和权利要求数对发明专利的维持时间影响依次减弱。[2] 乔永忠和文家春从考察我国自主创新能力的目的出发，比较了国家知识产权局授权的国内外权利人的发明专利的维持状况及其相关变量。[3] 周风华和朱雪忠（2008年）通过对大学发明不同专利权归属状况进行研究后发现：被维持的各类专利中，大学单独拥有的专利维持率相当高，但维持时间最短；大学与企业共有的专利维持率最高，维持时间也相当长；企业单独拥有的专利，维持率偏低，但维持时间较长；而大学发明人个人拥有的专利，维持率最低，但维持时间最长。[4]

### （二）有效专利

杨中楷和孙玉涛根据有效专利数量变动的机理，建立成

[1] 朱雪忠，乔永忠，万小丽．基于维持时间的专利质量实证研究——以中国国家知识产权局1994年授权的发明专利为例［J］．管理世界，2009（1）：174－175．

[2] 乔永忠．基于专利信息视角的专利维持时间影响因素的回归分析［J］．图书情报工作，2009（4）：42－45．

[3] 乔永忠，文家春．国内外专利维持状况比较研究［J］．科学学与科学技术管理，2009（6）：29－32．

[4] 周凤华，朱雪忠．我国大学发明不同归属专利权维持特征分析［J］．华中师范大学学报：人文社会科学版，2007（6）：29－36．

本收益视角下的专利持有模型和专利持有决策的分析框架，然后基于专利持有模型对我国有效专利进行实证分析，表明有效专利缺乏的背后蕴涵着专利转化和专利保护等多方面制度上的不足，建议从加强自主创新、增强专利意识、畅通转化渠道和保障经济收益等方面提高我国有效专利数量。[1] 穆丽红、胡亚妮和张志业对我国河北省高校有效专利进行研究后得出的结论为：河北省高校有效专利中发明专利与实用新型专利的比例相差不大，但这是以大基数的专利申请为代价的，且专利的申请质量有待提高。[2]

### （三）专利最优保护期

潘士远通过在内生经济增长理论的框架内构建动态一般均衡的模型研究了最优专利长度，结论认为：专利长度的增加会促进创新，从而促进福利的提高，同时也会导致市场扭曲，降低社会福利水平，但当专利长度趋于无穷时后者效应大于前者，因此，当专利长度趋于无穷时，专利长度增加对社会福利造成的负效应会超过正效应，专利无限长度的制度不可能最优。[3] 王桂强通过对专利最优保护期的研究认为：(1) 专利保护期限的确定如果由政府等非市场力量分析确定，必将是个复杂和低效的工程，制定保护期的成本十分巨大，但是由技术转让、专利买卖等市场力量来调节的专利技术扩散能在很大程度上向社会效益最大化的目标靠近。

---

❶ 杨中楷，孙玉涛. 基于专利持有模型的我国有效专利分析 [J]. 科技管理研究，2009 (2)：254－257.

❷ 穆丽红，胡亚妮，张志业. 从有效专利看河北省高校技术创新能力 [J]. 科技情报开发与经济，2009 (21)：119－121.

❸ 潘士远. 最优专利制度研究 [J]. 经济研究，2005 (12)：113－119.

(2) 只要专利法规定的专利保护期足以确保专利研发者收回成本并取得合理的超额利润，那么过长的保护期就既不会发生通常认为的妨碍专利技术的传播和应用，也不会继续为专利所有者产生超额利益从而损害社会收益。❶

## 三、国内外研究现状评述

从国内外研究的整体情况来看，专利维持问题还处于初级阶段，研究成果还不够深入。但相对而言，国外研究要比国内研究深入。

### （一）国外现有研究评述

国外于20世纪80年代初期就开始研究专利维持的问题，在取得一定成绩的同时，也存在一些不足。

1. 专利维持理论模型

国外关于专利维持理论模型的研究相对较为深入。佩克斯和尚克曼在1984年和1986年提出的关于专利维持的理论模型至今仍然具有一定的影响力。后来的研究主要是对这两个模型的拓展和完善。概括之，有如下发展：一是为了专利权人最大化其拥有专利的个人价值，如何选择维持专利年限的问题；二是运用专利维持数据与研究机构的实际情况的结合来评估不同研究机构的绩效和专利政策改革的效果。

专利维持理论模型研究领域存在如下问题：专利维持模型假设条件过多，与现实差距较大，实用性较差，需要在保证科学性的前提下，提高其实用性；需要进一步明晰专利维

❶ 王桂强．对“专利最优保护期”生命周期模型的思考［J］．科学学与科学技术管理，2004（5）：51－53．

持时间与专利保护范围的关系问题。

2. 专利维持时间与专利价值或质量

专利维持时间与专利价值或专利质量的关系问题研究相对较多，但是也存在很多问题。不少学者认为，专利价值越高的专利维持的时间越长；专利维持时间反映专利的经济价值；专利维持时间是评价专利市场价值的重要指标。也有学者认为，专利质量是衡量自主创新的重要指标；专利维持时间是衡量专利质量的重要指标。

专利维持时间与专利价值或者专利质量的关系问题需要进一步研究。首先，要准确界定专利价值或专利质量的内涵问题。现有研究关于专利价值和专利质量的界定都比较混乱，所以准确界定专利价值和专利质量的内涵是研究专利维持时间与专利价值或者质量的前提。其次，专利价值或专利质量只是在一定程度上决定专利维持时间，或者说，专利维持时间有时并不必然反映专利价值或者专利质量。因此，专利维持时间与专利价值或者专利质量的关系问题是一个值得深入研究的重要问题。

3. 专利维持制度

关于专利维持制度的研究主要集中在专利维持费机制、专利维持费与专利局财政制度等方面。首先，尽管几乎所有国家的专利法都规定了授权专利具有统一的法定保护期限，但是专利维持年费机制实质上形成了不同专利具有不同专利维持时间的现象；其次，专利维持年费制度的初衷是一种激励创新的机制，但实践中被简单地用做一种财政工具。

专利维持年费机制是通过调节专利维持时间协调专利权人和公众之间利益分配的重要机制，也是专利制度发挥作用的关键环节。不恰当的专利局财政制度和外部财政资助制度会对专利维持年费机制乃至对专利制度的作用造成不同程度的影响。所以深入研究专利维持年费机制以及专利局财政制度等对其的影响、提出有价值的对策对完善专利制度具有重要意义。

4. 专利维持状况

国外大多数关于专利维持情况的现有研究都集中于德国和法国等欧洲国家专利制度，如佩克斯在 1986 年发表的研究成果、尚克曼和佩克斯在 1986 年发表的研究成果。不过，近年来，有关美国这方面的研究也不断深入。这方面存在的问题是所研究的专利授权时间过早，大都集中在 20 世纪七八十年代。

近年来，随着知识产权制度在全球的迅速发展，专利维持问题的重要性非常突出，所以对最近几年来的专利维持情况特别是我国这样专利申请量和授权量都大幅提升的国家的专利维持情况进行较为深入的研究，不仅是我国实施国家知识产权战略发展的需要，也是世界知识产权事业发展的需要。

**（二）国内现有研究评述**

与国外研究相比，国内关于专利维持问题的研究领域较窄，现有研究主要集中在专利维持时间及其影响因素、有效专利和专利最优保护期等方面；研究时间较短，绝大多数研究集中在最近两年；关注的学者也比较集中。

1. 专利维持时间及其影响因素

国内关于专利维持时间及影响因素研究的主要结论有如下三项：一是专利数量的迅猛增长表明中国专利制度在激励发明创新活动方面是成功的，但总体水平不高以及所表现出的各类专利比例不合理，使专利质量偏低；二是我国国家知识产权局授权的专利平均维持时间短，专利质量不高；三是大学单独拥有的专利、大学与企业共有的专利、企业单独拥有的专利、大学发明人个人拥有的专利的维持率和维持时间存在明显差别。

不论从公共政策层面，还是从专利权人角度看，认识专利维持时间的标示性价值非常重要。首先，研究我国专利维持时间现状，对评价我国专利制度、我国专利质量、不同类型专利权人特别是企业的专利运用程度和管理水平都有重要意义；其次，针对我国专利维持的特点，确定影响我国专利维持时间的因素及其影响机理对实现专利价值、提高专利制度运行绩效非常重要。

2. 有效专利

有效专利从另一个角度反映专利的维持状况，但是如何科学地认识有效专利的数量及其价值，还需要进一步的研究。具体包括：我国不同创新主体类型之间有效专利的分布情况及其原因；我国不同技术领域专利的有效情况分布及其原因等。

## 第三节　主要创新点

专利维持理论是支撑专利制度的核心理论之一，专利维持制度的缺陷将直接限制专利制度作用的有效发挥。我国专利维持状况在一定程度上反映我国专利制度的实施效果。本书在专利维持制度运行机制及其重要性、专利维持时间影响因素、我国国家知识产权局授权专利的维持时间特点等方面进行了创新性研究。

创新点之一：提出了专利维持制度是专利制度中保护发明创造的核心机制之一，该制度通过优化专利维持年费制度、调整专利维持成本、改变专利维持时间、平衡专利权人和社会公众之间的利益，从而完善专利制度，提高专利制度运行绩效的观点。专利维持制度是构成专利制度的核心制度之一。从某种意义上讲，专利制度主要是一种维持制度。因为没有较为完善的专利维持制度，就很难优化有效专利的数量及其维持时间，没有一定数量的有效专利数量及其适度的维持时间，专利制度的运行绩效就难以实现。但是因为专利制度的法律属性，关于发明创造保护的研究，主要集中在专利授权标准、侵权认定和赔偿制度等领域。事实上，专利维持制度也是专利制度中保护发明创造的重要制度之一，但该研究领域却没有引起学者的重视。本书认为，完善专利维持制度能够提高专利制度运行绩效的理由有如下三方面。首先，完善专利维持制度是实现专利制度目的的要求。专利维持情况反映创新主体基于专利是否获得收益、获得收益的多少的状况。根据成本收益理论，创新主体对专利维持时间越长，说明其从中获得的收益越多；反之亦然。从平衡专利权人个体利益与社会公共利益的角度来看，专利维持制度是一项公共政策；而从专利权人自身利益角度来看，专利维持制度是平衡专利成本与收益的重要工具。因此，为了实现专利制度平衡个人利益和公共利益、促进技术创新的目的，就必须完善专利维持制度。其次，专利维持制度的优劣可以从专利维持时间上得到反映。尽管不同国家都规定了基本统一的专利法定保护期限，但是专利年费制度形成了事实上的不同专利维持时间的现实。专利维持数量和时间是反映专利维持状况的重要指标，专利维持状况是体现专利维持制度核心指标，达到最优维持时间的专利数占所有授权专利数的比例是衡量专利制度绩效高低的关键指标。因此，专利维持时间是研究专利维持制度的重要变量。最后，专利维持年费制度是现代专利维持制度正常运行的核心机制。专利维持年费制度通过要求专利权人为了继续维持专利有效必须在规定的时间内缴纳相应的专利维持年费的机制，适度增加专利维持成本，影响专利维持数量和时间，平衡专利权人和社会公众之间的利益，从而完善专利维持制度，以实现专利制度的目的。因此，优化专利维持制度不仅是完善专利制度的要求，也是提高专利制度运行绩效的重要措施。

创新点之二：明确指出了专利制度中的其他制度、专利技术及其相关信息、专利管理水平，企业专利战略等因素对专利维持时间的影响；并从专利信息视角分析了影响我国授权专利维持时间的因素，结论认为：申请人国别、审查时间、权利主体类型、发明人数和权利要求数对专利维持时间影响程度依次减弱。专利维持时间在一定程度上反映了专利制度的运行绩效。影响专利维持时间的因素很多，但现有的少量研究仅局限于专利申请信息对专利维持时间的研究。本书从专利制度中其他制度、专利技术及相关信息、专利管理水平、企业专利战略等角度对其进行较为系统的研究。专利制度中其他制度因素包括专利保护范围（现有技术和新颖性）、创造性标准高度、专利侵权认定模式、侵权赔偿数额确定方式和专利维持年费等制度（这些因素属于系统内部影响）；专利技术及相关因素包括专利申请信息（权利人国别、权利人类型、技术领域和专利族）、专利技术的市场前景、专利技术的商业化水平等；专利管理水平因素包括专利战略意识、专利管理制度、专利维持策略；另外技术交易制度、政府资助政策、创新主体规模和授权专利的专利局的差异都是影响专利维持时间的重要因素。不过，这些因素一般很难量化，所以本书根据掌握的资料和对我国国家知识产权局1994年实际授权的3 838件专利进行多元线性回归分析，得出申请人国别、从申请到授权所需时间、权利主体类型、发明人数和权利要求数对专利的维持时间影响程度依次减弱的结论。专利维持时间影响因素的系统研究对完善专利维持制度非常重要。

创新点之三：采用以过去某一时间段（如一年）为基点，统计这一时间段授权专利到目前某一时间点维持状况的方法，通过对我国国家知识产权局授权专利实证研究，结论认为：与美国专利商标局授权专利相比，我国国家知识产权局授权专利的维持时间较短、专利质量较低、审查周期较长、完成单件专利需要的发明人较多；我国国家知识产权局授权的国内权利人拥有的专利与国外权利人拥有的专利相比，国内权利人拥有的专利权利要求数均值较小，发明人数均值较大，从申请到授权所需时间均值较小，专利维持时间均值较短。专利维持情况的实证研究是对专利维持制度绩效的检验。根据本书作者掌握的资料，至今很少发现采用类似方法对我国专利维持情况进行的类似的研究。本创新点包括三个方面：一是方法创新。权威机构对有效专利的现有统计方法都是基于当前某一时间点，统计在这一时间点上维持的专利数量。这一方法对研究专利维持状况的优点是数据容易获取，不足是计算结果很难反映专利的实际水平。本书采用以过去某一时间段（如一年）为基点，统计这一时间段授权的专利到目前某一时间点时的维持状况。用这种数据统计方法研究专利的维持状况优点是比较客观，理由是所统计的专利是在同一时间段获得授权，研究它们的维持状况具有较好的可比性。二是对我国国家知识产权局授权专利整体维持状况进行了实证研究。本书采用社会统计分析方法 SPSS 软件，对中国国家知识产权局 1994 年全年授权的 3 838件发明专利中因未交专利费而被终止的3 104件（截至2009 年5 月31 日）的维持时间及其相关定矩变量与美国专利商标局 1991 年授权专利到 2003 年为止的相关数据进行对比分析，得出的结论为，我国国家知识产权局授权专利的维持时间短，专利质量较低，审查周期较长和完成单件专利需要的发明人数较多。三是比较了我国国家知识产权局授权的国内权利人拥有的专利和国外权利人拥有的专利的特点。运用相同数据库和分析软件对我国国家知识产权局授权的国内权利人拥有的专利和国外权利人拥有的专利进行比较得出的结论为，国内权利人拥有的专利的权利要求数均值较小，发明人数均值较大，从申请到授权所需时间均值较短；获得专利授权国外权利人比国内权利人对专利权的维持时间长。我国专利维持情况的实证研究对准确估计我国现有专利质量、实施国家知识产权战略具有重要意义。

## 第四节　研究方法

本书研究内容包括专利维持制度研究和我国专利维持情况实证研究两大部分，试图通过专利维持制度理论指导我国专利维持实践，用我国专利维持实践丰富和验证专利维持制度理论。

首先，本书主要以法学、经济学、管理学和公共政策学相关理论为研究工具研究专利维持制度理论。具体表现在：运用法理学理论研究专利制度的本质、专利维持制度在专利制度的地位等问题；运用经济学和管理学相关理论论述最优专利维持时间和最优专利维持年费，特别是运用“理性经济人”的观念解释专利维持时间作为衡量专利价值或者质量的重要指标等；从公共政策学的角度论述作为政府机构的专利局采用自负盈亏的财政制度对专利维持年费制度的扭曲作用。

其次，本书采用独特的数据收集方法，以我国国家知识产权局授权专利为研究对象，建立相关专利信息数据库，采用 SPSS 软件对数据库进行实证分析。具体而言，就是以公告日在 1994 年期间的我国国家知识产权局授权的 3 838件专利为样本，逐项检索其截至 2009 年 5 月 31 日有关专利的法律状态、权利要求数、从申请到授权所需时间、技术领域和发明人数等相关指标，并形成《1994 年国家知识产权局授权专利相关信息数据库》，作为本书数据分析的依据。在数据收集方式方面，本书采取与官方方式相区别的方法。世界知识产权组织（WIPO）发布的专利年度报告和国家知识产权局规划发展司发布的《专利统计简报》对有效专利的统计方法都是基于当前某一时间点，统计在这一时间点上维持的专利数量。这一方法对研究专利维持状况的优点是数据容易获取，不足是计算结果很难反映专利的实际水平。本书采用与该方法不同的数据统计方法，尽量避免这种不足，即以过去某一时间段（如一年）为基点，统计这一时间段授权的专利到目前某一时间点时的维持状况。用这种数据统计方法研究专利的维持状况优点是比较客观，理由是所统计的专利是在同一时间段获得授权，研究它们的维持状况具有较好的可比性。该方法的缺点是数据需要逐项统计，工作量很大。

## 第五节　框架结构

专利制度某种程度上是一种维持制度。本书在分析专利维持制度、专利维持时间和专利维持年费等理论问题的基础上，对我国专利维持的整体情况及不同类型创新主体、技术领域和权利人国别的专利维持情况进行了实证研究。论述结构可以简单划分为制度研究和实证研究两部分，具体结构如图 1－1 所示。

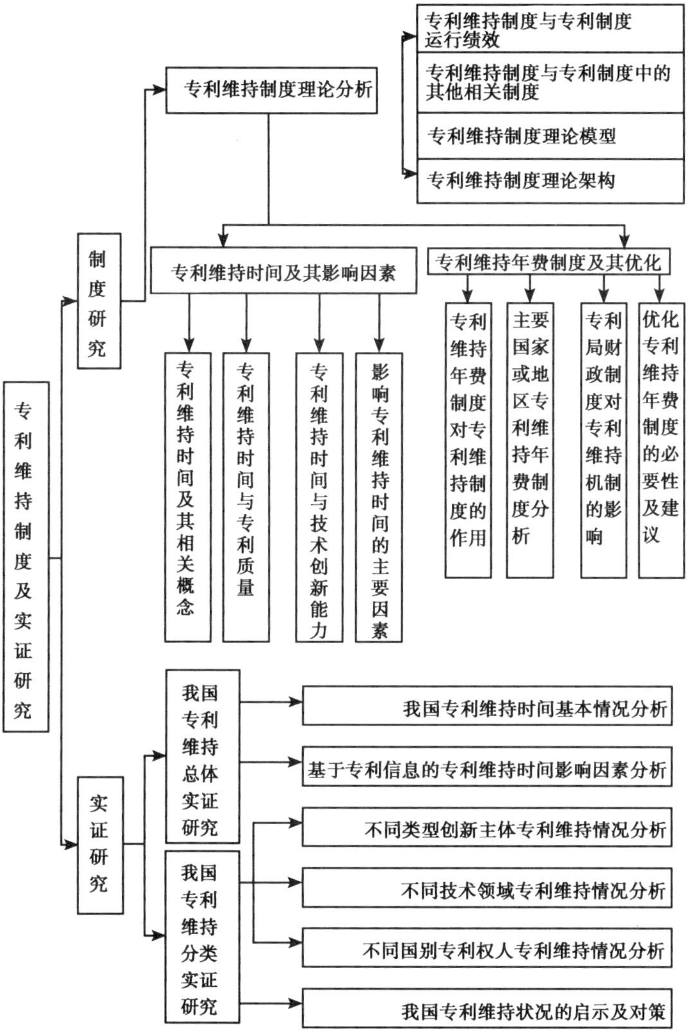
专利维持制度及实证研究
制度研究
专利维持制度理论分析
专利维持制度与专利制度运行绩效
专利维持制度与专利制度中的其他相关制度
专利维持制度理论模型
专利维持制度理论架构
专利维持时间及其影响因素
专利维持时间及其相关概念
专利维持时间与专利质量
专利维持时间与技术创新能力
影响专利维持时间的主要因素
专利维持年费制度及其优化
专利维持年费制度对专利维持制度的作用
主要国家或地区专利维持年费制度分析
专利局财政制度对专利维持机制的影响
优化专利维持年费制度的必要性及建议
实证研究
我国专利维持总体实证研究
我国专利维持时间基本情况分析
基于专利信息的专利维持时间影响因素分析
我国专利维持分类实证研究
不同类型创新主体专利维持情况分析
不同技术领域专利维持情况分析
不同国别专利权人专利维持情况分析
我国专利维持状况的启示及对策

**图 1－1　本书结构**

IP

# 第二章　专利维持制度理论分析

专利维持制度[1]是现代专利制度得以有效运行的关键机制之一。首先，专利维持状况反映专利权人平衡其成本和收益的结果。专利制度的直接目的是奖励发明人，但这种奖励是基于发明的经济效益做出的，并且会带来一定的社会福利损失，所以关于专利制度的很多争议都集中在基于发明获得的动态收益和专利独占权静态成本之间的平衡问题。这种争议也曾被归结为专利最优维持状况的问题上。[2][3] 其次，专利维持状况反映技术创新强度和专利保护程度。专利维持状况不仅被用做评价发明或者创新强度的信息资源，而且被作为反映专利保护程度的信息指标，所以专利维持情况为探讨专利权人或者专利受让人衡量维持专利的成本和收益问题提供了一个重要维度，同时也为研究企业、国家或者地区的专利质量、技术创新机制等问题提供独特的视角。对公共政策而言，整体专利维持状况将直接影响专利制度促进技术创新的程度；

---

[1] 从专利制度的发展来看，专利维持年费制度只是最近几十年才产生的。德国和法国在20世纪50年代建立专利维持年费制度，美国在20世纪80年代建立专利维持年费制度。专利维持年费制度建立之前后的专利维持状况应存在很大差别。本书主要研究专利维持年费制度建立后的专利维持问题。

[2] D. Nordhaus. Invention, Growth, and Welfare: A Theoretical Treatment of Technological Change [M]. Cambridge, Mass, 1969, ch. 5.

[3] D. Nordhaus. The Optimum Life of a Patent: Reply [J]. The American Economic Review, 1972, 62 (3): 428 -431.

对企业而言，单件专利维持状况将直接影响企业的收益。再次，专利维持状况反映专利权人的价值判断。专利权人对专利维持状况的确定，其实质是其在国家法律法规或者国际公约（条约）允许的范围内，根据其价值判断标准，[1] 确定专利维持时间，从而实现其利益最大化的过程。最后，政府可以通过完善法律或法规，从制度方面对专利维持的整体情况进行适度优化，调整创新主体的相关专利行为，从而平衡创新主体的个体利益与社会公共利益，使得专利制度运行绩效最大化。因此，本书认为，从某种意义上讲，专利制度主要是一种维持制度。

为了对专利维持问题进行较为深入的理解，本章主要从专利维持制度与专利制度运行绩效的关系、专利维持制度与专利制度的其他制度的关系、专利维持制度理论模型和专利维持制度理论架构四个方面研究专利维持制度的理论问题。

## 第一节　专利维持制度与专利制度运行绩效

有效维持一定数量的专利是专利制度正常运行的前提。如果专利不被维持，或被终止，或被无效，那么专利制度对其就没有约束力，所以只有维持一定数量的专利，才有可能考察专利制度运行绩效。下面主要从专利法发展过程和专利法理论学说两方面考察专利维持对专利制度的重要性。

[1] 有时这种价值判断的标准并不以单纯的成本收益理论为依据。

## 一、专利保护期限与专利制度运行

### （一）基于专利法发展视角

从经济学角度来看，专利制度的功能主要在于引导社会经济资源投向知识产品的大小和方向。知识是促进科技进步和社会经济发展的主要动力，而专利制度的目的是通过鼓励发明创造，促进科技进步和社会经济发展，最终提高社会公共福利。各国专利制度的发展史也印证了专利制度在国家科技与经济发展中的重要作用。

一般认为，1474 年威尼斯颁布了世界上第一部最接近现代专利制度的法律。[1] 该法规定授予发明人的专卖特权，使其能够摆脱商会管控，以奖励发明技术。该法在其序言中声明："我们当中的有些天才拥有发明或发现创新产品的天赋，如果我们给予这些发明或发现保护，使别人无法夺去发明人的荣耀，便会有更多的人贡献他们的智慧，从而发明或发现更多更好的新产品，提升我们的共同福祉。所以此法规定，任何人在此城市制造出具创造性，且过去不存在的产品，在其操作使用之际，可以申请福利委员会授权，任何其他人，除非经被授权人同意，于 10 年内禁止制造相同的产品。"[2] 威尼斯专利制度授予发明人 10 年的独占权来鼓励创新发明、增进社会福祉、促进经济繁荣的做法，后来被欧洲主要国所仿效。

英国法院曾通过判决承认专利权的判断法则。1602 年，

---

❶ 郑成思. 知识产权论 [M]. 法律出版社，2003.4.

❷ G. Mandich. Venetian Patents [J]. Journal of the Patent and Trademark Office Society，1948，185 (6)：275.

一位代理撤销专利独占权诉讼的律师认为："任何人依靠自己的勤奋努力，发明或引进国内前所未有，且有益于社会的任何新产品到国内，或是促进其引进者，法院都应承认国王授予其合理期间的专利特权"。这一论述后来曾成为普通法中判断专利权是否有效的法则。❶ 这中间隐含的理论基础，与威尼斯专利法前言中隐含的思想非常相似。1624 年英国颁布的垄断法被称为近代专利保护制度的起点。❷ 该法第 6 条规定，准许新制品的发明人，可以享有 14 年的专利权。但专利权人不得因此提高售价、阻碍贸易，或是妨害大众便利。垄断法将案例法所形成的原则明文化，明确指出新而有用之制品的发明人，才能享有一定期限的专利权，并且不得滥用专利权于提高售价或其他危害公共利益之事。

美国制定专利法的依据是 1763 年起草的该国宪法。该法第 1 章第 8 条第 8 款规定："国会应享有权力……通过确保作者和发明人分别对其著作和发明在有限时间内的独占权以促进科学和实用技艺的进步。"❸

从 1474 年的威尼斯法律规定的"任何其他人，除非经被授权人同意，10 年内禁止制造相同或相似的产品"，到 1602 年英国律师提出的"法院都应承认国王授予其合理期间的专利特权"，再到 1624 年英国垄断法第 6 条规定的"准许新制品的发明人，可以享有 14 年的专利权"，再到 1763 年美国宪法第 1 章第 8 条第 8 款规定的"国会应享有权力……通过确

❶ John Bochnovic, Supra note 4, at 10.

❷ 郑成思. 知识产权论［M］. 法律出版社，2003.4.

❸ 姜晖. 美国专利法的历史沿革［DB/OL］. http://hi.baidu.com/mingmingtuo/blog/item/ba1ad6b48d8e94738bd4b2a1.html 2009-12-26.

保发明人对其发明在有限时间内的独占权以促进科学和实用技艺的进步”，可以看出，专利保护期是专利制度的核心内容之一，也是体现专利保护水平的重要指标。或者说，没有专利保护期限，专利制度无从谈起。

**（二）基于专利法理论学说**

关于专利制度的争议形成了许多学说与理论。支持专利制度的理论比较重要的有发展国家经济论、自然权利论、合同（契约）论、发明奖励论和公共产品论等，但没有一种学说能够完全解释专利制度。

发展国家经济理论认为，对发明授予专利权最终是为了发展国家经济。不管是威尼斯专利法和英国垄断法，还是后来的美国专利法，都可以看到这个理论的影子。在当时封建行会特权制度背景下，威尼斯专利法和英国垄断法都强调国家对发明授予专利权，打破行会垄断，主要目的是发展各自国家的经济。保护发明人权利的目的是为了更好地保护国家利益。二者的区别是，威尼斯专利法保护的是在其国内完成的发明，而英国则同时保护从国外引进的发明。美国专利法的宪法条款授权国会为了“促进科学和有用技术的进步”而对发明人授予垄断权利。可见，英国政府特别强调制定专利法要有利于引进外国的发明，并鼓励在本国实施新发明，发展国家的经济。

自然权利论认为，发明人对其发明具有获得保护的“固有的”即“自然的”权利，专利法就是为了保护这种自然权利而制定的。发明人对其发明有取得保护的“固有的”权利是一种财产权利。自然权利理论虽然在历史发展过程中发挥过一定的作用，但作为专利制度的理论依据受到质疑。首先，专利的保护期限与权利的“自然”属性相冲突。也就是说，自然权利论难以解释专利保护期限限制的规定。其次，专利授权不得重复的规定与权利的“自然”属性相冲突。依据自然权利论，当多人分别独立完成相同发明时，专利法应分别承认他们每人都有一项专利权，而不应像绝大多数国家专利法规定只有第一个申请人或者发明人享有专利权。

合同（契约）论认为，专利是在国家和发明人之间签订的特殊合同（契约）。根据该合同（契约），发明人公开其发明内容，国家则对发明人授予在一定期限内利用其发明的排他权利。如果不对发明人授予专利权，保护其发明，发明人就可能不愿将其花费时间、精力和费用完成的发明公开。如果发明人能得到利用发明的排他权利，他就会将发明公开，这有利于促进国家科技的发展。同时，发明人通过制造、销售其专利产品获得的收益是对发明人的奖励。

发明奖励论认为，运用对发明创造授予专利权的方式保护发明人的利益，是针对其付出的一种奖励形式。一般而言，一项发明的完成必须以创造性的劳动、时间和费用等为代价，同时还存在失败的风险。如果他人对发明人完成的发明可以无偿使用，肯定会挫伤发明人完成发明创造的积极性，对企业乃至整个国家技术创新都会产生影响。专利制度就是对发明人授予利用其发明的独占权，作为对其发明的奖励，从而鼓励更多的人投身发明创造，促进科技进步和社会发展。

公共产品论认为，发明具有很强的公共产品特性，即不可分性、无法占有性和不确定性；其生产成本高但传播和模仿成本低，一旦进入市场，不会因使用而消耗，同时也不会妨碍他人使用；因其无形，无从得知他人是否正在使用，所以很难收取使用代价。生产者决定资源投入时无法预测其产出，因风险过大可能不愿投入生产，对整体社会而言，会有供给过少的损害。为了解决供给过少的市场失灵，才由政府出面干涉，给予发明人独占权，排除他人制造、销售、使用，使投资者能取得消费者赋予知识的价值，得以回收其投资报酬。然而，一旦要求利用者付费，则依经济学上价格法则，一般使用者对该产品的需求将因而减少，如此反而妨害技术传播。因此，从经济学观点看知识产品的生产和传播，将陷于两难的困境。如何维持生产者的投资利益与普遍使用而增加的社会公益，永远是专利制度难以解决的问题，也是所有冲突包括国际争执的源头。[1]

另外，我国专利法起草过程中曾提出一种代表性观点认为，发明是发明人智力劳动创造的成果，是有价值和使用价值的，所以同商品一样，应当作为财产加以保护。[2]

上述观点就像盲人摸象一样，从不同角度为专利制度奠定了理论基础，同时也为专利维持理论提供了理论依据。不管是发展国家经济论、自然权利论，还是合同（契约）论、发明奖励论和公共产品论，都涉及授予发明人权利的时间问题，即给发明人（专利权人）授予多长时间的专利保护期限，才有利于激励发明人（专利权人）完成更多的发明创造，保护权利人利益，但不会阻碍公共利益，并能促进科技进步和发展国家经济。总之，关于专利制度的各种理论学说，

---

❶ 郑中人．智慧财产权法导读［M］．增订第三版．台北：五南图书出版有限公司，2003：15，18－19．

❷ 汤宗舜．专利法教程［M］．法律出版社，2003：10．

都会涉及保护权利人利益的期限问题。

## 二、专利维持制度的优劣程度与专利制度的运行绩效

根据与知识产权相关的国际公约以及绝大多数国家的专利法的规定，专利的法定保护期限一般为自申请日起20年。也就是说，授权专利超过20年的法定保护期后，法律将不再保护其独占权，其他人可以无偿使用该专利技术。同时几乎所有国家专利法及其法规都规定，为了维持授权专利在法定保护期限之内继续有效，专利权人必须缴纳一定数量的专利维持年费。[1] 如果没有按照程序在规定时间内缴纳相应数量的专利维持年费，相关专利权将因为未交专利维持年费而被终止。如我国《专利法》第42～44条规定，发明专利权的期限为20年，实用新型专利权和外观设计专利权的期限为10年，均自申请日起计算。专利权人应当自被授予专利权的当年开始缴纳年费。有下列情形之一的，专利权在期限届满前终止：（1）没有按照规定缴纳年费；（2）专利权人以书面声明放弃其专利权。因此，不管是哪个国家专利局授权的专利，真正维持到法定保护期届满的数量都比较少。当然，这些能够维持到法定保护期届满的专利占授权专利总数的比例在不同国家或者地区、不同行业、不同类型的专利权主体中，有所不同。

一件专利维持时间的长短是专利权人基于当时的专利维

[1] 我国原《专利审查指南》规定，申请专利在第三年未授权的，需要交纳专利申请维持费，2010年2月1日起施行的《专利审查指南》已经删除了缴纳专利申请维持费的规定。本书所述专利维持费主要是指专利授权后，为了维持专利继续有效，需要交纳的专利年费。

持机制，依据成本收益理论做出的经济行为所致。也就是说，从专利权人角度来看，单件专利的维持时间长短是专利权人根据专利的收益和成本差异情况作出的个人行为。如果专利权人能从专利中获得收益，则继续缴纳专利维持费，保持专利继续有效。反之，如果专利权人不能从专利中获得收益，或者成本大于收益，便不再缴纳专利维持年费或者以其他方式放弃专利，使其专利权失效。可见，专利是否得到维持，关键在于能否最大限度地增加其收益，尽可能地降低其维持成本。专利维持时间的长短取决于专利权人就专利技术增加收益、降低成本的能力。

专利维持制度是现代专利制度运行的必要条件，完善的专利维持制度有利于提升专利制度的运行绩效。专利制度目的的实现必须依靠有效的专利维持制度作为依托；因为没有有效的专利维持制度，或者说专利维持状况不合理，整个专利制度的绩效将受到限制，甚至难以实现。专利维持情况反映创新主体基于专利是否获得收益、获得收益的多少的状况。根据收益与成本平衡理论，如果创新主体对专利维持的时间长，说明其从中获得的收益较多；反之亦然。而专利维持制度能否有效运行，不仅需要考虑专利权人的收益问题，还必须考虑社会福利和社会成本等问题。专利维持情况在一定程度上量化了专利的价值，反映了专利权人在决定是否维持专利、维持多长时间以及缴纳专利维持费用情况，所以专利维持情况不仅反映专利权人、专利受让人或者被许可人衡量维持专利的成本和收益问题，也在一定程度上体现了专利制度的运行绩效。

## 三、专利维持状况与专利制度运行绩效的评价指标

法律效益主要体现在法律制度运行的绩效上，衡量法律效益的主要因素是法律规范实施的效果是否符合立法目的、法律作用的结果是否客观上保障并促进生产力的进步和社会发展。[1] 考核法律制度运行的绩效，最直观的方法是考量设计制度时所确立的目的实现效果。

专利制度就是通过授予专利权人的独占权，鼓励其技术创新，促进社会经济发展，增加社会福利的一种制度安排。专利制度的目的是鼓励技术创新、促进知识传播和推动技术商业化。有学者认为，评价专利制度运行绩效应该从以下两个方面着手：一是专利制度的设立能否全面有效地保护专利权人的利益，使得在这种制度环境下专利权人的聪明才智得到回报，从而激励创新；二是专利制度是否对科技进步和创新的传播及应用提供一个畅通的管道，使之能提高一个国家的生产率，促进产品总量和人均值的增长。即专利制度是否对创新技术的利用提供一种机制，从而能促进一个国家的经济增长。[2] 严格地说，个体利益和公共利益是一致的。通过对专利权人利益的适度保护，最终保护公共利益，推动社会福利的增加。但是如何体现个体利益和公共利益的增加及其幅度，是一个难以回答的问题。

有学者认为，专利制度对于社会福利水平具有正、负两

---

❶ 李晓安. 法律效益探析［J］. 中国法学，1994（6）：5.

❷ 刘华，戚昌文. 论专利制度的经济理性与预期绩效［J］. 研究与发展管理，2002（6）：63－68.

方面的效应：正效应是指专利制度使专利权人获得知识创新的垄断利润，从而促进发明创造的产出，推动科技进步、经济发展和社会福利水平的提高；负效应是指专利制度赋予专利权人的市场垄断权利，可能会扭曲资源配置，从而导致社会福利的降低。[1]当正效应超过负效应时，专利制度就实现其目的，且超过部分越多，专利制度目的实现得越充分；反之亦然。

综上所述，不管是对专利权人个体利益的保护、公共利益或者社会福利水平的提升，还是专利制度两种效应的量化，均是难以衡量的指标，而这些指标对评价专利制度运行绩效非常重要。专利保护期限或者专利维持时间的长短比较直观，且容易量化，在一定程度上可以作为衡量专利制度运行绩效的重要指标之一。就专利保护期限而言，专利保护期限越长越有利于专利权人的利益，当然并不是越长越好。如果专利保护期限超过一定限度，过多地保护了专利权人的利益，就会阻碍后续发明，减少社会利益，降低社会福利。从理论上讲，专利保护期存在一个最优长度，但是这一长度很难把握。专利保护期限越接近这一时间长度，专利制度就越适合当时的经济社会发展，或者说专利制度的运行绩效就越高。但是，就现行专利法而言，因为专利维持年费制度的约束，维持到专利法定保护期届满的专利并不多，所以上述观点仅适用于那些较少的专利。

专利维持年费制度的存在，使得很多专利不可能维持到法定保护期届满，便因为未缴纳专利维持年费而被终止。所

---

[1] 潘士远. 最优专利制度研究. 经济研究，2005（12）：113-119.

以在法定保护期范围内，专利整体维持时间均值的大小，可以成为评价专利制度运行绩效的重要指标。比如说，在现行国际公约或者绝大多数国家专利法规定的专利保护期（20年[1]）前提下，当一国专利整体维持时间均值在5年左右，或者在15年左右，可以认为这时的专利制度运行绩效都是较低的，或者说专利制度目标没有实现，或者实现得不够充分，但是专利维持时间均值究竟为多少时专利制度运行绩效最优，值得研究。

## 第二节　专利维持制度与专利制度中的其他相关制度

专利制度中的其他制度对专利维持制度的影响主要是系统影响，其特征是稳定性高、不易改变。因为专利制度，特别是专利法的稳定性决定了其相关规定不会轻易修改，所以可作为系统误差。在专利法没有修改的前提下，研究一国专利维持情况时，这种误差可以忽略。专利制度中影响专利维持状况的因素较多，本部分仅从专利授权标准，即专利保护范围，或者说判断新颖性的现有技术范围、创造性标准高度、侵权认定及其赔偿方式等方面，论述其对专利维持制度的影响。

### 一、专利维持制度与专利保护范围

专利维持时间（专利长度）和专利保护范围（专利宽

[1] 假设20年的专利保护期是最优的，从理论上讲，这是不可能的，因为很多国家科技水平和技术创新能力是有差距的。

度）的关系非常密切。关于专利保护范围，学者已经从优化专利制度的视角进行了研究。有关研究结论认为，专利保护范围扩大时对创新者有利，但是会伤害社会福利。❶❷ 范迪克（Van Dijk）通过专利保护范围的二阶段模型（the two-stage models），不同程度地涉及专利维持时间和专利保护范围之间的关系。该二阶段模型主要研究专利保护宽度的调整如何通过专利侵权和许可手段将专利申请人的利益转移到发明人手中的问题。❸ 勒纳（Lerner）研究发现，专利保护范围与企业价值呈正相关关系，但专利保护范围的扩大是否直接提高专利的价值没有被证明。❹ 卢万（Louvain）和贝尔吉姆（Belgium）提出了关于调整专利维持时间和专利保护范围的两种专利政策：一种政策是专利保护期很短，但是保护范围较宽，以便专利有效的维持时间与专利法定保护期一致；另一种政策是专利保护期足够长，但是保护范围较窄，以便在更好的专利技术替代原有技术时，终止对原有专利的保护。前者可以促进新技术的扩散，后者则有利于降低研发成本。如果一件专利保护范围宽度到了可以使其后续发明无法超越的程度，这种发明就不应该授权。如果一件专利的维持时间很长，但是其保护范围很窄，以至于其维持到有新的替代产品出现时，

❶ P. Klemperer. How Broad Should the Patent Protection be [J]. The Rand Journal of Economics, 1990, 21: 113-130.

❷ R. Gilbert, C. Shapiro. Optimal Patent Length and Breadth [J]. The Rand Journal of Economics, 1990, 21: 106-112.

❸ T. Van Dijk. Patent Height and Competition in Product Improvements [J]. Journal of Industrial Economics, 1996, 44: 151-167.

❹ J. Lerner. The Importance of Patent Scope: An Empirical Analysis [J]. The Rand Journal of Economics, 1994, 25 (2): 319-333.

才达到其内在的届满时间。或者说，如果一件专利保护范围较宽，但是其维持时间很短，以至于少于法定保护期限。即使这两种政策可以针对创新率达到相同的效果，其社会效果也是有区别的。[1] 因此，专利的保护范围对专利维持时间具有直接的影响；但是因为专利权范围法定理论告诉我们，在既定的专利法条件下，专利的保护范围一般不会随意变化。

专利保护范围在专利法中主要表现为对现有技术的范围确定。[2] 如果现有技术的范围较小，则容易满足新颖性要求；反之亦然。现有技术是审查专利授权标准的新颖性的关键点。其范围大小决定了申请专利的技术是否符合新颖性要求。我国专利法第 22 条规定，新颖性是指该发明或者实用新型不属于现有技术；也没有任何单位或者个人就同样的发明或者实用新型在申请日以前向国务院专利行政部门提出过申请，并记载在申请日以后公布的专利申请文件或者公告的专利文件中。现有技术应当在申请日之前处于能够为公众获得的状态，并包含能够使公众得知实质性技术知识的内容。现有技术的范围越宽，新颖性程度就越高，专利维持时间就有可能较长。所以我国新修订的专利法将“相对新颖性标准”修改为“绝对新颖性标准”，即不仅申请日（有优先权的，指优先权日）前在国内外出版物上公开发表的现有技术可以破坏该专利申请的新颖性，而且在国内外公开使用或者以其他方式为公众所知的技术也可以破坏该专利申请的新颖性。这一修改扩大

---

[1] Louvain, Belgium. Patent Breadth, Patent Life, and the Pace of Technological Progress [J]. Journal of Economics & Management Strategy, 1998, 7 (1): 1 -32.

[2] 有些论著将专利保护范围界定为专利保护客体的范围大小，也有一定道理。

了判断新颖性时审查的现有技术的范围，提高了新颖性的门槛，在一定程度上增加了延长专利维持时间的可能性。

## 二、专利维持制度与专利创造性标准

创造性标准是专利法的核心概念，是专利制度的“最后守门员”和可专利性的终极要件，也是可专利性的试金石，体现专利制度的有限保护与专利权人公开和解释新发明的平衡。❶ 在特定时间，发明对本领域一般技术人员是否显而易见是发明可专利性的基础，也是每件专利讨价还价的核心。较高水平的创造性标准是保护创新和竞争的底线，而竞争和专利制度则是技术创新的首要引擎。专利创造性判断过程和程序有助于妥善解决权利人利益与社会公共利益的平衡。依据我国《专利法》第22条规定，发明的创造性是指同申请日之前已有的技术相比，该发明有突出的实质性特点和显著的进步。突出的实质性特点是指对所属技术领域的技术人员来说，发明相对于现有技术是非显而易见的；显著性进步是指发明与现有技术相比能够产生有益的技术效果。可见，实质性的突出程度和进步的显著程度即创造性高度决定了专利创新程度，所以专利维持时间在很大程度上受创造性高度的制约。从理论上讲，在特定条件下，专利创造性标准存在一个能使创新活动绩效最大化的最优高度。或者说，创造性标准的高低直接影响了授予专利的发明的创新程度的高低，而创新程度的高低又在很大程度上影响了专利权人基于专利获得利益

❶ P. R. Wagner, K. J. Strandburg. The Obviousness Requirement in the Patent Law [J]. University of Pennsylvania Law Review , 2007, 155 (2): 96

的多少，从而影响相关专利的维持时间。例如，创造性标准的提高，一定会在专利授权时过滤掉一部分创新程度较低、达不到授权标准的发明，或者说，依据创造性较高标准授权的专利的创新程度相对较高，在其他条件不变的情况下，一般会给专利权人带来相对较多的收益，这种专利的维持时间也就相对就较长。反之，创造性标准的降低，将会使一些创新程度不高的专利获得授权，而这些专利因为创新程度较低，一般给专利权人带来的利益相对较少，所以这些专利的维持时间相对较短。为了提高专利质量，我国现有专利审查制度中创造性高度判断标准和判断方式均应该做适当调整。美国为提高专利质量，其最高法院于 2007 年 4 月 30 日对 KSR 案作出判决，调整了创造性标准及其判断方式。随后，欧洲和日本的专利法方面取得进一步协调。而且，KSR 案判决作出后，2007 年英国上诉法院、荷兰和澳大利亚高等法院都分别作出了令人关注的有关创造性标准的判例。这一系列专利创造性标准的调整和判例会为提高专利质量发挥一定的作用，也会在一定程度上影响专利维持制度的运行。

### 三、专利维持制度与专利侵权的认定和赔偿数额确定方式

专利技术的无形性、专利侵权的隐蔽性、专利侵权认定的不确定性和专利侵权损害赔偿数额的难以确定性，增加了维持专利的成本和风险，直接影响了专利权人的收益，进而影响专利维持时间的长短。这主要表现在以下两方面。一是侵权认定的不确定性，影响专利权人的预期收益，增加专利收益的风险，进而影响专利维持时间。如果说授权专利的权利要求书是申请人和专利局共同划定的专利权保护范围，那

么专利侵权认定就是法官对这一范围的解释，甚至是重新认定。因为这种认定包含了创造性等授权条件的重新判断，加之创造性标准的主观性和判断标准的客观化要求，为维持专利有效带来的风险性较高，一定程度上增加了权利人维持专利的成本，从而影响相关专利的维持时间。二是赔偿数额或者说侵权成本与侵权收益的差额直接影响侵权行为发生的可能性，也直接影响权利人收益，从而影响专利权人对专利继续维持的意愿。因为司法实践中侵权认定和赔偿数额不利于有效保护专利权，导致侵权可能性增加，无形中减少了专利权人的市场份额，降低其市场收益，从而增加了专利权人放弃专利的可能性，这种情况一定会影响专利的维持时间。

### 四、专利维持制度与专利维持年费制度

专利权人是否维持专利，取决于其权衡维持专利成本和收益的结果。专利获得授权后，维持成本主要是缴纳年费。所以，年费的多少和不同档次之间增加数额幅度的大小会对专利权人是否维持专利产生重要影响。实践中，很多专利权人特别是科研院所放弃一些有价值的专利的主要原因是资金所限，无法缴纳专利年费所致。本部分内容详见本书第四章。

## 第三节　专利维持制度理论模型

通过授予专利权人独占权，使其获得更多的收益，以激励发明人作出更多的发明创造，促进技术创新，推动社会经济发展，是专利制度的主要目的。所以平衡专利权人的个体利益和社会公众利益，最终推动社会发展，也是设置专利维持制度的理论前提。根据专利权人的“经济理性人”的假

设，只有专利预期收益超过其维持成本[1]时，专利权人才维持专利。专利是否得到维持，关键在于专利权人能否最大限度地增加其收益，尽可能地降低其维持成本。而专利维持时间的长短取决于专利权人就专利技术增加收益、降低成本的能力。[2] 这种成本收益平衡思路构成创新主体维持专利理论模型的基础。

## 一、基于创新主体的专利维持理论模型

### （一）专利维持条件模型

根据尚克曼和佩克斯在1986年提出专利维持理论模型，[3] 可以得出专利权人为了最大化其拥有专利的价值，选择维持专利时间的条件，即专利权人通过最大化净收益折扣价值（the discounted value）来最大化专利的价值

$$\max_{T\in[1,2,\cdots,\bar{T}]}V(T) = \sum_{t=1}^{T}(R_t - C_t)(1+d)^{-t} \tag{2-1}$$

式中 $C_t$——在专利维持时间为 $t$ 时专利的维持成本即专利维持年费；

$R_t$——此时从该专利中获得的收益；

$d$——收益率；

---

[1] 严格地说，专利维持成本包括维持授权专利的律师或专利代理人的前期费用等，但是为了研究方便，本书所说专利维持成本，如果没有特别说明，仅指专利维持年费。

[2] 任何专利的维持时间不得超过法定保护期限。

[3] M. Schankerman, A. Pakes. Estimates of the Value of Patent Rights in European Countries During the Post-1950 Period [J]. The Economic Journal, 1986, 96 (4): 1052 - 1076.

$\bar{T}$——专利的法定保护期（一般为20年）；

$T$——最佳的专利维持时间长度。

专利维持年费 $C$ 随着维持时间 $T$ 的延长而增加。

在授权初期因为技术成熟度和市场份额等原因，专利收益 $R$ 一般较低。当然也有例外。但是经过一段时间后，专利收益可能会增加，当增加到一定程度后又会下降。不过，不同专利技术的收益轨迹可能不同。为了研究方便，本书假设，维持时间为 $t$ 时，专利收益可以表示为专利维持初期收益的函数：

$$R_t = R_0 \prod_{\tau=1}^{t} (1 - \delta_\tau) \tag{2-2}$$

式中　$\delta$——收益递减率（the decay rate）；

$R_0$——专利的初次收益。

所以只有满足条件：$R_i \geqslant C_t \prod_{\tau=1}^{t} (1 - \delta_\tau)^{-1}$ 时，专利权人才会将维持专利到时间 $T$。

### （二）专利维持概率模型

早期关于专利维持状况的研究成果认为，专利收益和成本的差额决定了专利的价值及专利维持时间的长短，但这些研究没有重视专利成本和收益差额的不确定性。这些研究中，所有企业都被假设对技术和需求拥有相同的信息。如果其中一个企业拥有信息优势，其余的企业将无法通过观察其行为获得这些信息。[1] 与此相反，很多现代经济学模型都假设经济

[1] Ignatius J. Horstmann, A. G. Slivinski. Patents as Information Transfer Mechanisms: To Patent or (Maybe) Not to Patent [J]. Journal of Political Economy, 1985, 93 (5): 837-58.

主体之间具有强烈的信息不对称情况，并从战略上运用这种信息不对称，以便在竞争中取胜。因此，需要找到一个考虑专利收益不确定性并能够优化不同专利维持时间的模型。下面根据中西和山田在2008年的研究结果，[1] 讨论考虑专利收益不确定性的专利维持概率模型。

用 $R_0$ 表示专利权人获得的初次收益，$C(t+1)$ 表示专利在授权之日起 $t+1$ 期间缴纳的专利维持年费，专利维持的条件是：

$$R_0(1-\delta)^{l+t} \geqslant C(t+1) \quad (2-3)$$

式中　$\delta$——专利的被终止率；

$l$——从申请到授权所需的时间。

假设专利权人从专利中获得的初次收益的对数：

$$\ln R_0 = \mu + \varepsilon \quad (2-4)$$

式中　$\mu$——专利权人从专利中获得的初次收益固定部分，在分析中作为参数使用；

$\varepsilon$——专利权人从专利中获得的初次收益的不确定部分。专利权人从专利中获得的初次收益的方差用 $\sigma$ 表示。

如果 $Z(l,t)$ 表示在确定的专利维持年费情况下维持专利的概率，上述方程就可以写成：

$$Z(l,t) \geqslant \frac{1}{\sigma}[\ln C(t+1) - (l+t)\ln(1-\delta) - \mu] \quad (2-5)$$

式中　$Z(l,t) = \dfrac{\ln R_0 - \mu}{\sigma}$。

假设专利维持费每三年增加一个幅度，则专利维持费函

[1] Y. Nakanishi, S. Yamada. Measuring the Rate of Obsolescence of Patents in Japanese [R]. MPRA Paper No. 10837 posted 30. September 2008 / 04: 13.

数是不连续变量。可将其定义为一个分段函数：

$$C(t+1)=\begin{cases} C_1 & t \leqslant 3 \\ C_2 & 3 < t \leqslant 6 \\ C_3 & 6 < t \leqslant 9 \\ C_4 & 9 < t \leqslant 12 \end{cases} \tag{2-6}$$

假设用 $\varepsilon$ 表示全部样本的正常分布情况，可以得出如下专利维持概率：

$$\begin{aligned} \Pr(t \leqslant 3) &= \Phi[Z(l,3)], \\ \Pr(3 < t \leqslant 6) &= \Phi[Z(l,6)] - \Phi[Z(l,3)], \\ \Pr(6 < t \leqslant 9) &= \Phi[Z(l,9)] - \Phi[Z(l,6)], \\ \Pr(9 < t \leqslant 12) &= \Phi[Z(l,12)] - \Phi[Z(l,9)], \\ \Pr(12 < t) &= 1 - \Phi[Z(l,12)] \end{aligned} \tag{2-7}$$

上述公式中 $\Phi$ 表示累积（cumulative）标准正态分布，参数 $\delta$，$\mu$ 和 $\sigma$ 可从评估方法最大化的可能性求得。

## 二、基于公共政策维度的专利维持理论模型

从专利制度平衡个体利益与社会利益的角度来看，专利制度是一种促进技术创新和社会公共利益发展的公共政策。所以衡量专利制度运行绩效时，不仅要考察对专利相关权利人利益的保护程度，而且要考察对社会公共利益的保障范围。过分保护专利相关权利人利益、损害社会公共利益的专利制度不符合专利制度的宗旨。同样，如果过多强调社会公共利益，专利相关权利人利益得不到充分保护，促进技术创新和社会经济发展也是不可能的。这里从专利维持年费制度出发，考察其对专利维持时间的影响，并试图构建基于公共政策维度的专利维持理论模型，进而研究专利权人与社会公共利益

平衡的问题。

专利维持时间、专利维持年费和专利个人收益和社会收益关系如图 2-1 所示，其中纵坐标 P（C）表示专利的收益或者成本，横坐标 T 表示专利维持时间；[1] $OC_1$ 和 $OC_2$ 分别表示不同专利维持年费曲线，[2] 即专利维持成本曲线；$P_0P'$表示专利的收益曲线；$A_1$ 和 $A_2$ 分别表示在 $OC_1$ 和 $OC_2$ 两种专利维持年费（成本）情况下，专利权人维持专利（因未缴纳专利年费而终止专利）的时间点，即 $OA_1$ 和 $OA_2$ 分别表示在 $OC_1$ 和 $OC_2$ 两种专利维持年费（成本）条件下的专利维持时间。

在专利维持年费相对较高的条件下，即专利维持年费曲线为 $OC_1$ 的条件下，专利维持时间为 $OA_1$，也就是说，专利权在 $A_1$ 点被终止。此时，因为专利权失去效力，社会公众可以免费使用该专利技术，所以权利人因此专利获得的收益减少至 $S_{A1B1'M}$，甚至使其获益与其他使用该技术社会公众获得的收益相近；同时因为专利权失效，社会公众对此专利技术的使用，所以该专利的社会收益存在净增加（$S_{B1B1''N}$）。

在专利维持年费相对较低的条件下，即专利维持年费为 $OC_2$ 的条件下，专利维持时间为 $OA_2$，即专利权在 $A_2$ 点被终止。此时，因为专利权失去效力，社会公众可以免费使用该

---

[1] 依据专利法的规定，如果专利保护期届满，即专利失效，专利权人便不得再缴纳专利维持年费以维持专利垄断权，所以此图假设专利维持时间在法定保护期内。

[2] 不少国家的专利维持年费曲线是分段曲线（如我国和日本），但为了研究方便，这里将专利维持曲线假设为连续函数。

专利技术，权利人因此专利获得的收益减少至 $S_{A2D1'U}$，甚至使其获益与其他使用该技术社会公众获得的收益相近；同时因为专利权失效，社会公众对此专利技术的使用，使得该专利的社会收益存在净增加（$S_{D1D1''V}$）。

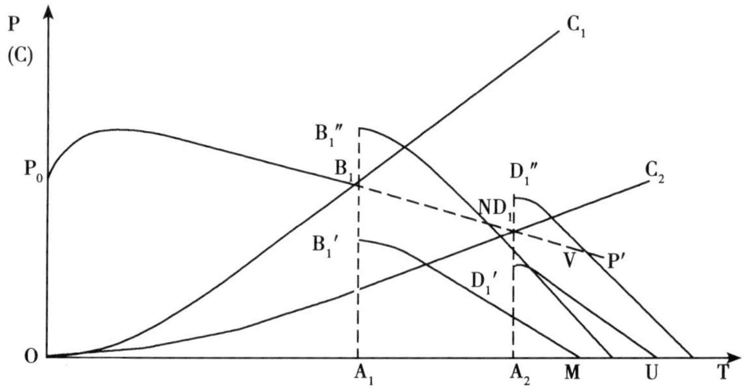


**图 2 – 1　专利维持时间、专利维持年费和专利个人收益及社会收益关系**

从图 2 – 1 及上述分析中，可得出如下三点结论。

首先，在其他条件不变的前提下，专利维持年费与专利维持时间呈现反向关系。如果 $OC_1 > OC_2$，则 $OA_1 < OA_2$。这一结论也符合专利维持中“理性经济人”假设。因为专利维持年费增加，意味着专利维持成本增加，此时如果专利收益不变，那么专利权人维持专利至专利成本等于收益时，就会以不缴纳专利维持年费的方式放弃专利。相反，如果专利维持年费减少，即专利维持成本降低，此时如果专利收益不变，那么专利权人会继续维持专利，直至专利收益与成本相同时。

其次，专利维持时间直接影响专利技术的个体价值和社会价值的平衡。根据前面的分析，在其他条件不变的前提下，如果专利维持年费增加或者其他原因使得专利维持时间缩短，那么专利权人因为失去专利的独占权，所以专利获得的收益将提前丧失，即专利权人的个体收益减少。同时因社会公众可以免费使用相关专利技术，从而增加该专利技术的社会净收益，即$S_{B1B1''N}$与$S_{D1D1''V}$的差额。

最后，专利维持年费制度可以成为优化专利制度运行绩效的重要工具。在其他条件不变的前提下，通过调整专利维持年费，可以改变专利维持成本；如果专利收益相同，则可以改变专利维持时间，进而改变专利权人的个体收益和相关专利的社会收益。此时，有两种情况值得说明：一是专利维持年费并不是越高越好。专利维持年费增加，专利维持成本增加，专利维持时间缩短，专利权人个体收益减少，专利技术社会收益增加。这似乎有利于社会发展，其实则不然；因为专利权人收益的减少，不能有效激励发明人完成更多的发明创造，从而降低了专利制度的绩效。二是专利维持年费也不是越低越好。因为专利维持年费降低，专利维持成本减少，专利维持时间延长，专利权人的个体收益增加，由此可以激励专利权人完成更多的发明创造；但同时因为专利维持时间的延长，不但使得社会公众免费使用相关专利技术需要等待的时间增加，而且在一定程度上阻碍了后续发明创造的完成，从而降低了相关专利的社会收益。那么什么样的专利维持年费制度是最好的呢？本书认为，这需要首先确定评价专利制度绩效的标准，即专利权人的个体收益和社会收益的平衡点如何确定。只有确定了专利权人的个体收益和社会收益的平衡点，才可以此为依据调整专利维持年费的数额和结构，来维持这个平衡点，从而实现专利制度的最终目的。当然，调整专利维持年费的数额和结构时，需要考虑当时社会的经济发展状况，并且应该随着经济的发展，不断调整专利维持年费制度。

总之，专利制度的主要目的是通过授予专利权人独占权，使其获得更多的收益，以激励发明人做出更多的发明创造，促进技术创新，推动社会经济发展；所以平衡专利权人的个体利益和社会公众利益，最终推动社会发展，应该是基于公共政策视角设计专利维持理论模型的基础。

## 三、完善现有专利维持理论模型需要考虑的问题

尽管国内外关于专利维持制度理论模型的研究已经取得一些研究成果，但是这些研究成果，也包括本书构建的模型，都存在或多或少的缺陷。本书认为，在完善专利维持理论模型时需要考虑下列问题。

### （一）专利授权初期收益难以确定性

专利授权初期收益的难以确定性为专利权人判断是否维持专利带来困难。依据专利制度，专利权人为了维持专利有效，必须缴纳专利维持费。但专利权人往往在创新活动初期申请专利，而这一阶段，专利权人仍然处在通过专利技术信息获得收益的过程中寻找机会的阶段。专利收益可能随专利权人对专利技术和市场的了解程度的加深而不断增加，此时的专利权人很难准确确定其在专利维持过程中获得收益的大小。因为存在收益增加的可能性，所以专利权人即使当时专利收益小于专利维持费用的数额，为了保住该专利的预期收益，会继续维持专利。因为一旦专利因未交专利维持年费被终止，且在法定时间内不予补缴专利维持费及其罚金，将不

得恢复。

## （二）防御专利经济价值的不确定性

防御专利经济价值的不确定性使得专利权人很难判断专利是否维持。随着专利战略的不断被重视，很多企业都拥有一定数量的防御专利。所谓防御战略，是指专利的目的不是自己实施相关技术，更不是转让或者许可给别人实施，相反，防御专利是为防御竞争对手而申请并维持的有效专利。也就是说，这些专利不是直接为企业带来收益，而是通过威慑竞争对手，间接为企业带来收益，而这样的间接收益比较难以量化，因此，给专利权人判断是否维持专利带来困难，同时也为设计专利维持理论模型增加难度。

## （三）外部制度环境的复杂性

适当的外部制度环境是激励研发活动和优化专利维持机制的重要因素。这些条件中有些是与企业特征相关联的，有些则是与企业运作的体制环境相关，其中最重要的是反垄断法的规定和竞争政策。这些因素直接影响专利权人从专利中获得收益的可能性，从而间接影响专利最优维持时间。[1] 这些因素会对完善专利维持理论模型增加不确定因素。

从专利权人角度来看，单件专利的维持时间长短是专利权人根据专利的收益和成本差异情况作出的个人行为；从专利制度平衡个体利益与社会利益的角度来看，专利维持制度是一种促进技术创新和社会利益发展的公共政策，所以设计

[1] F. Cornelli, M. Schankerman. Optimal Patent Renewals [R]. LSE STICERD Research Paper No. EI13. January 1996. Available at SSRN: http://ssrn.com/abstract=1158292

专利维持理论模型时，不仅要考虑对专利权人利益的保护程度，而且还要关注对社会公共利益的保障水平。鉴于专利维持模型对完善专利维持理论，乃至专利制度运行的重要性，进一步完善专利维持理论模型将是一个复杂的过程。

## 第四节　专利维持制度理论架构

从某种意义上讲，专利制度主要是一种维持制度。因为没有较为完善的专利维持制度，就很难优化有效专利的数量及其维持时间，没有一定数量的有效专利及其适度的维持时间，就可能出现两种限制专利制度运行的可能。一是专利维持数量过多。这不但浪费大量的资源，而且在一定程度上阻碍技术创新。二是专利维持数量太少。这将导致一些应该保护的发明创造得不到保护，同时也会阻碍技术进步。因此，本书认为，专利维持制度也是调整和衡量专利保护水平的重要制度之一。

首先，完善专利维持制度可以提升专利制度的运行绩效。专利制度目的的实现必须依靠有效的专利维持制度作为依托。专利维持情况反映创新主体基于专利是否获得收益、获得收益的多少的状况。根据成本收益理论，创新主体对专利维持时间越长，说明其从中获得的收益越多；反之亦然。评价专利维持制度优劣时，不仅需要考虑专利权人的收益，还必须考虑社会福利和社会成本等。专利维持情况在一定程度上量化了专利的价值，反映了专利权人在决定是否维持专利、维持多长时间以及缴纳专利维持费用情况，所以专利维持情况不仅反映专利权人、专利受让人或者被许可人衡量维持专利的成本和收益问题，也在一定程度上体现了专利制度的运行绩效。

其次，专利维持时间在很大程度上反映专利维持制度的优劣。尽管不同国家都规定了基本统一的专利法定保护期限，但是专利年费制度形成了事实上的不同专利维持时间的现实。专利维持数量和时间是反映专利维持状况的重要指标，专利维持状况是体现专利维持制度核心指标，达到最优维持时间的专利数占所有授权专利数的比例是衡量专利制度绩效高低的关键指标。专利维持时间在很大程度上反映专利的质量，用专利维持时间评价专利质量是一个相对较好的方法。

最后，专利维持年费制度是现代专利维持制度正常运行的核心机制。专利维持年费制度是在专利制度产生后很长时间才设置的，它的设置标志着专利制度宗旨从保护专利权人个体利益到保护专利权人利益和社会公众利益并重的过渡，它对专利维持制度的重要作用使之成为现代专利制度的标志之一。专利维持年费制度通过要求专利权人为了继续维持专利有效必须在规定的时间内缴纳相应的专利维持年费的制度，适度增加专利维持成本，影响专利维持数量和时间，平衡专利权人和社会公众的利益，从而完善专利维持制度，以实现专利制度的目的。

## 第五节　本章小结

专利保护期是专利制度的核心内容之一，也是体现专利保护水平的重要指标。不论从专利制度的发展史还是专利制度相关理论来看，给专利权人授予多长时间的专利保护期限，才有利于激励给专利权人完成更多的发明创造，同时保护权利人利益，促进科技进步和发展国家经济，特别在专利维持年费制度建立之前，是一个值得深入研究的问题。专利制度目的的实现必须依靠有效的专利维持制度作为依托，因为没有有效的专利维持制度，或者说专利维持状况不合理，整个专利制度的绩效将受到限制，甚至难以实现。在法定保护期范围内，专利整体维持时间均值的大小，是评价专利制度运行绩效的重要指标。

专利制度中其他制度对专利维持制度的影响主要是系统影响，其特征是稳定性高、不易改变。因为专利制度特别是专利法的稳定性决定了其相关规定不会轻易修改，所以可作为系统误差，在专利法没有修改的前提下，可以忽略处理。专利制度中影响专利维持时间的因素主要有专利授权标准即判断新颖性的现有技术的范围、创造性标准高度、侵权认定及其赔偿方式等。

从专利制度平衡个体利益与社会利益的角度来看，专利维持制度是一种促进技术创新和社会利益发展的公共政策，所以衡量专利制度运行绩效时，不仅要考察对专利相关权利人利益的保护程度，而且要考察对社会公共利益的保障。从专利权人角度来看，单件专利的维持时间长短是专利权人根据专利的收益和成本差异情况作出的个人行为。如果专利权人能从专利中获得收益，则继续缴纳专利维持费，保持专利继续有效。反之，如果专利权人不能从专利中获得收益，或者成本大于收益，便不再缴纳专利维持费或者以其他方式放弃专利，使其专利权失效。

# 第三章　专利维持时间及其影响因素

专利维持时间是专利维持制度优劣的重要标志，也是反映专利制度运行绩效的关键指标。在法定保护期内，专利维持时间越长是否说明专利制度绩效越高，专利维持时间越短是否因为专利制度绩效越低？换句话说，专利维持时间的长短能否反映专利制度效度的发挥以及对专利制度目的的实现程度？能否通过优化专利维持时间提高专利维持制度的效率？应该成为关注的重要问题。当然，我国授权专利与其他国家授权专利维持时间的差异是否也反映我国授权专利的质量问题也值得我们重视。

国内外不少统计数据显示，大多数专利的维持时间都比较短。我国国家知识产权局在2011年4月发布的《2010中国有效专利年度报告》显示，我国国内有效专利维持年限多集中在3~6年，而国外则集中在5~9年；国内有效专利中，有效期不足5年的（即申请于2006年1月1日或之后）占53.3%，而国外这一比例只有16.5%；国内有效专利中，有效期超过10年的（即申请于2000年12月31日或之前）只占4.6%，而国外这一比例达到23.8%。[1] 可见，国内外专利维持时间都不是很长，而我国专利维持时间更短。

本章在明晰专利维持时间与法定保护期和最优保护期的

---

[1] 国家知识产权局规划发展司. 2010年中国有效专利年度报告（一）[R]. 专利统计简报，2011，105（6）：1-28.

关系的基础上，分析专利维持时间与专利质量的关系以及专利维持时间对技术创新能力的影响，然后探讨影响专利维持时间的主要因素。

## 第一节 专利维持时间及其相关概念

专利维持时间、专利最优维持时间、专利法定保护时间和专利最优保护时间是关于专利维持的一组既有联系又有区别的概念。下面给予分析，以便对专利维持制度进行较为深入的分析和理解。

### 一、专利维持时间与专利法定保护期

专利法定保护期是指专利法对授权专利技术进行法律保护的最长时间。如果专利权人能够按照相关规定及时足额缴纳维持费，授权专利技术就能在法定保护期内继续受到专利法保护。如果超过法定保护期，即使专利权人愿意缴纳维持费，专利法也不会对相关技术进行法律保护。或者虽然在专利法定保护期内，因为专利权人在规定时间内，未缴纳维持年费等其他原因被终止后，并超过规定期限（宽限期）后，即使专利权人愿意重新缴纳年费，以便继续维持被终止的专利，该专利权也不得恢复。我国现行《专利法》第42条规定发明专利的法定保护期为20年，实用新型和外观设计专利的法定保护期为10年，均从专利申请日算起。绝大多数国家或地区的专利法均规定，专利法定保护期为20年。也有个别差异，但是总体变化不大，如美国现行专利法规定，专利的法定保护期为自专利授权之日起17年，或自申请提出之日

或优先权日起20年。但是在绝大多数情况下，考虑到专利申请到授权所需时间等因素，专利平均法定保护期只有17年。[1]另外，有些专利技术商业化所需时间较长，比如药品专利需要经过美国食品药品管理局（FDA）的批准，从而将该行业实际的专利平均保护期降低到13年。

专利维持时间是指专利从申请日或者授权之日至无效、终止、撤销或届满之日的实际时间。[2] 需要强调的是，并不是所有专利都要维持到法定保护期届满。法定保护期只意味着，专利法授予专利权人基于其拥有发明的预期垄断权的最大限度。从理论上讲，专利有效维持时间和法定保护期限之间的差距并不是不可避免的。从现实来看，在专利法定保护期的最长期限到达之前，专利权人可以根据实际情况，决定不缴纳维持费等方式，提前终止专利权。也就是说，很多专利的实际维持时间远未达到其法定保护期。总之，尽管不同国家或地区都规定了基本统一的专利法定保护期限，但是专利维持年费制度及其他原因形成了事实上的专利维持时间不同的现实。

## 二、专利最优保护期与专利法定保护期

专利最优保护期和法定保护期是一对既有区别又有联系的与专利维持时间相关的概念。专利最优保护期是专利法对发明给予保护的最佳保护时间段。对不同的技术领域甚至相同技术领域的不同技术的发明应该存在不同的最优保护期。

---

[1] P. Thomas. The Effect of Technological Impact upon Patent Renewal Decisions [J]. Technology Analysis & Strategic Management, 1999, 11 (2): 181 - 197.

[2] 不同国家或地区专利法对专利维持时间起算时间不同：有的是从申请日算起，有的是从授权日算起。

从理论上讲，因为技术领域不同，每项发明真正需要保护的时间应该有所不同。所以，对整体技术领域而言，它是不确定的时间段；而对特定的发明，它是确定的时间段。专利法定保护期则是由专利法明文规定的、统一、不得超越的专利保护时间。从法律层面来看，最优保护期不得大于法定保护期；但是从促进技术创新来看，最优保护期有时可能会大于法定保护期，也可能小于法定保护期。尽管专利最优保护期对技术创新的促进作用较强，但因为技术领域的不同，所以其在法律上难以操作。而专利的法定保护期对技术创新的促进作用相对于最优保护期来说较弱，但是它在法律上具有可操作性。只有很少专利维持到法定保护期届满的现实说明，法定保护期的规定仅仅对这些很少专利发挥作用。因此，对公共政策的制定者而言，专利法定保护期的选择是平衡获得更多创新与限定时间垄断权的次优选择。

### 三、专利维持时间与专利最优维持时间

专利维持时间是指专利权人在不超过法定保护时间前提下，根据其实际情况，维持专利的实际时间，也有人将其称为“专利的经济寿命”。它是一种现实的专利维持时间段。专利最优维持时间是指从理论上或者从经济学角度讲，对专利权人的个体利益或者社会利益而言，可以达到利益最大化的专利维持时间，是一种理想状况。现实中，由于多种因素的影响，专利维持时间达到最优的不是很多。如果一件专利的最优保护期小于其法定保护期，该专利的权利人在拥有相关的信息的前提下，可能获得该专利为其带来的最大利益。但是因为专利权人对相关信息的有限掌握，所以获得最大利

益的情况较少。如果一件专利的最优保护期大于其法定保护期，则该专利的权利人将无法获得该专利的最大收益；因为该专利在维持届满后，必须允许他人免费使用。总之，维持时间达到其最优维持时间的专利数量非常有限。

专利维持时间达到其最优维持时间的数量占所有授权专利的比例是衡量专利制度绩效高低的重要指标。研究如何提高这一比例的途径对提升专利制度促进技术创新的作用具有重要意义。本书认为，学者们花费很多的精力研究专利法定保护期的长短，倒不如花费更多的时间研究专利维持年费制度，优化专利维持时间，以提高专利制度的运行绩效。

## 第二节 专利维持时间与专利质量

### 一、专利质量的界定

清晰界定专利质量内涵是研究专利维持时间与专利质量关系的前提，科学确定评价专利指标则是科学评价专利质量的基础。国内外关于专利质量的界定至今仍是众说纷纭。归纳起来，现有关于专利质量的界定主要集中于如下几个方面。一是基于专利市场价值的界定。该界定认为，专利质量是指特定专利的市场价值或者价格；专利的市场价值或者价格越高，其质量越高。[1] 该界定强调了专利为专利权人带来的商业

---

[1] M. Schankerman, A. Pakes. Estimates of the Value of Patent Rights in European Countries during the Post-1950 Period [J]. The Economic Journal, 1986, 96 (12): 1052 - 1076.

利益。不少学者将这一内涵也称为“专利价值”，即将专利质量等同于专利价值。二是基于专利技术或者发明创造的界定。该界定认为，专利质量是指专利技术或者授予专利的发明创造的质量。该界定从技术角度强调了授予专利的发明创造对技术创新和社会经济发展的影响程度。三是基于专利申请文件的界定。该界定认为，专利质量是指专利申请文件的质量，即专利申请中权利要求范围的大小以及专利申请的授权率。四是基于专利法律稳定性的界定。该界定认为，专利质量指发明创造对专利授权标准的符合程度以及是否具有法律上的可靠性。[1] 学者从不同角度对专利质量的界定，各自具有一定的道理，但缺乏全面性。相对而言，基于专利市场价值或价格的专利质量的界定获得较多学者的认可。因为不管是基于获得专利的发明创造的界定，或者基于专利申请文件质量的界定，还是基于专利法律稳定性的界定，专利权人在很大程度上最终关注的都是对其带来利益的多少及其可能性的大小。

在上述分析的基础上，本书认为，所谓专利质量是指专利的优劣程度。这种优劣程度根据对象不同可以区分为专利针对社会的优劣程度（社会价值）和针对权利人的优劣程度（个体价值）。专利针对社会的优劣程度是指授予专利的发明创造对社会的影响程度。针对社会而言，如果影响程度越高，发明创造的价值就越大，授予该发明创造的专利质量也就越高；但是这种影响程度很难测度。专利针对权利人的优劣程

---

[1] 万小丽，朱雪忠. 竞争力视角下的专利质量界定［J］. 知识产权，2009(4)：7-14.

度是指授予专利的发明创造对权利人的商业价值的大小。针对权利人而言，专利法意义上的专利价值是指专利权人获得的法定的排除他人制造、使用和销售的独占权为其带来收益的总和。即专利的商业价值越大，专利质量越高。但专利交易市场的不完善和交易数据的收集难度使得对专利商业价值的研究较为困难。总之，专利质量具有很强的不确定性，用传统方法很难确定其高低。

## 二、专利维持时间与专利质量的关系

依据前文对专利维持时间和专利质量内涵的分析，本书认为，专利维持时间是授权专利的实际维持时间，既不同于专利法定保护期，也不同于专利最优保护期。尽管影响专利维持时间的因素很多，但是专利维持时间长短主要取决于专利权人对该专利收益成本平衡的结果。专利质量的高低则主要指专利给权利人带来收益的多少。如何最大限度实现专利的价值对专利权人来说非常重要，而专利的有效维持则是专利价值实现的前提，或者说，专利因为没有继续维持而丧失法律效力，那么专利对专利权人失去价值。所以对专利权人而言，专利维持时间的长短在一定程度上反映了专利质量。由此可以看出，专利收益的大小可以将专利维持时间与专利质量紧密地联系在一起。

一方面，专利维持时间相对容易量化的特征对克服由专利收益难以量化引起的评价专利质量的困难提供了较大的可能性。首先，专利维持时间反映了专利权人平衡专利收益和成本的结果，也反映了专利质量。专利权意味着其权利人可以享有运用相关专利技术的独占权。故对于一项发明而言，专利质量的高低就在于对发明进行专利法保护带来的利益与没有专利法保护所产生利益的差额的多少。专利维持带来的价值包括由专利法律和政策创制的产权价值，而不仅仅是专利保护自身的价值。专利是否继续维持的决定在一定程度上取决于专利质量的高低，或者说专利收益是否大于成本。因此，专利维持时间被重视是因为它们反映了专利申请和维持过程的内在动力。其次，虽然只有很少专利被商业化，但是每件专利只要维持其有效，就必须缴纳专利维持年费；所以用专利维持时间确定专利质量比用商业收益确定专利质量更加容易。因为只有很少的专利被市场化，所以一般很难直接获得专利的价格或者价值，即很难量化专利的直接收益。但是绝大多数国家的专利法规定，专利权人要每年向专利局缴纳规定数量的专利维持年费，否则专利权将被在法定保护期届满之前提前终止。所以直觉告诉我们，如果从专利中获得的收益大于专利维持的成本（主要是缴纳的专利维持费用），那么专利权人就会继续维持专利，所以专利维持率和维持费在很大程度上反映专利质量。而且，学者运用专利维持费和维持率的实证研究也证明了专利维持时间与专利质量的关系。例如，佩克斯和辛普森为了从专利维持时间中获得专利质量分布的更多详细信息，构建了较为科学的评估函数和检验方法。他们认为，只要样本量足够大，维持费数额档次足够多，专利维持数据将足够反映随机模型中确定专利质量分布的全部序列。因为现实中的专利维持费数额的档次是有限的，如果样本量足够大，维持费数额的任何档次都可以被确定。尽管他们获得的样本量对检验程序非常有用，但由于专利维持数据不够充分，所以无法用“无参数”方式确认专利收益的

具体分布。因此，专利权人是否维持专利继续有效，或者维持多长时间的经济行为在一定程度上确实会反映专利质量的高低。❶

另一方面，虽然专利维持时间相对较好量化，但是影响专利维持时间的因素很多，所以认为维持时间长的专利就一定质量高，有时会出现误差。例如，专利维持年费数额的不同会使得相同的专利维持时间反映不同的专利质量。鉴于绝大多数国家和地区的专利法规定专利权人为了使其专利有效必须缴纳年费，所以关于专利维持的数据资料和年费缴纳情况就包含了专利质量分布的信息。因此，可以通过从专利未缴专利年费而被终止这一现象反推专利质量，即在专利维持年费等其他条件不变的情况下，专利维持时间与专利质量成正相关：专利维持时间越短，专利质量越低；反之专利质量越高。从经济学理论的“理性经济人”假设出发，一个“理性经济人”在缴纳年费维持专利时，必须权衡维持该专利的成本与收益。对个体而言，收益的多少直接体现了专利质量高低。但是，在其他条件不变的前提下，如果专利维持年费数额不同，相同的专利维持时间可能标志的专利质量不同。如果专利维持年费较高，即专利权人维持专利的成本增加，如果专利质量不变，专利对权利人带来的收益不变，那么专利权人的净利润就会降低，所以专利维持时间可能会缩短。因此，相同的专利维持时间，如果专利维持年费等其他条件发生变化时，其反映的专利质量高低可能不同。

---

❶ A. Pakes, M. Simpson. Patent Renewal Data [R]. Brookings Papers: Microeconomics, 1989, 331 - 410.

总之，专利维持时间确实在很大程度上反映了专利质量，用专利维持时间评价专利质量也的确是一个较好的方法。该方法比较直观、数据容易收集，且可操作性较强。但是因为专利质量内涵的模糊性和评价其质量的指标的复杂性，使得运用专利维持时间评价专利质量有时会产生一定的误差。所以它只是一个“相对”较好的方法。

## 第三节　专利维持时间与技术创新能力

专利与技术创新的关系密切，专利产出是评价技术创新能力的一个重要指标。国外自20世纪60年代末就开始利用专利产出评价国家、区域或者机构的技术创新能力。如经济合作与发展组织（OECD）构建的专利产出评价指标体系，被用于评价全球经济发展与技术创新能力。美国政府决策层利用国家科学基金会（NSF）出版的《科学工程技术指标》中的专利产出情况评价国家、区域层面的技术创新力。[1] 但是，运用专利维持时间标度技术创新能力的研究并不多见。

### 一、专利信息与技术创新能力评价指标

现有研究中用来评价创新程度的指标都存在各自优点和缺陷。研发支出数据经常被用做反映创新活动的可选择指标。该指标的优点是可以直接用货币如美元等表示在创新活动中投入的成本。但研发数据更多地是表示对创新活动的投入，

---

[1] 陈云伟，杨志萍，方曙，等．基于发明专利现状的我国技术创新能力分析［J］．科技管理研究，2007（6）：9－12．

而不反映创新活动的产出。其他数据也可以成为反映创新产出的指标，如科技引证数据库、创新调查等，但是这些数据在使用方面受到很多限制。❶ 运用专利信息评估技术创新能力具有两方面的优点：一是专利文件既提供技术本身内在的信息特征（如技术领域及其引证相关的专利情况等），又提供在其他地方找不到的发明人信息（包括该专利发明人自身的信息和专利权人或者专利受让人的信息），而且有关企业和个人的相当长时间的专利数据都可以从相关数据库中获得。因此，专利数据可以更好地将微观细节和宏观技术范围有机结合起来。二是运用专利数据对特定技术领域或者创新主体类型、不同国家专利制度产生的利益流、知识产生过程等很多相关现象进行研究具有一定的可操作性。马克曼（Marknan）等认为，专利信息是一种与技术发展相关联的，具有价值性、稀有性、不可模仿性和不可替代性的情报信息资源，包含了与新思想和新技术发展相关联的标准化了的数据信息，已经成为许多评价技术创新能力的工具与方法的研究重心。❷ 汤（Tong）和弗雷姆（Frame）认为，专利申请的权利要求数能够较好地反映国家技术创新能力。❸ 佐尔坦（Zoltan J. Acs）、安塞尔因（Luc Anselin）、瓦尔加（Attila Varga）等通过实证

❶ A. Kleinknecht. Determinants of Innovation: The Message from New Indicators [M]. New York: McMillan, 1996.

❷ G. D. Markman. et al. Patents as Surrogates for Inimitable and Non-Substitutable Resources [J]. Journal of Management, 2004, 30 (4): 529 - 544.

❸ Tong, J. D. Frame. Measuring National Technological Performance with Patent Claims Data [J]. Research Policy, 1995, 23 (2): 133 - 141.

检验，发现专利数量是衡量技术创新能力的重要指标。❶ 陈云伟、杨志萍、方曙等借鉴国外著名组织和学者对技术创新力的专利评价指标，结合中国专利数据库实际情况研究了国家和区域技术创新能力的现状。❷

当然，运用专利信息反映技术创新能力也存在一定的缺陷。运用专利信息作为评价创新活动指标经常遇到的问题是不同类型的单件专利保护创新的差异性问题，所以将专利数量作为评价创新产出指标是不够科学的，这将产生两个问题。一是不同专利族保护创新的价值均值存在系统差别。这使得用不同专利数量反映创新价值（无论是社会价值，还是个人价值）出现数量上的差别。二是即使在创新具有相近价值均值的专利族中，专利数量和专利代表的创新价值之间关系的不一致会给运用这些数据研究跨领域创新的结果带来困难。格里利切斯认为，简单的专利数量被广泛用来评价创新的产出，但是因为受专利保护的发明的创新价值千差万别，为评估发明的创新价值的准确性带来困难。特别是不同专利族具有不同的专利价值均值时，简单的专利数量的比较有时会误导人们的判断。❸ 中国科学院院士路甬祥认为，评价技术创新，主要应看创新成果的市场价值，技术在经济社会发展和

❶ Z. J. Acs, L. Anselin, A. Varga. Patents and Innovation Counts as Measures of Regional Production on New knowledge [J]. Research Policy, 2002, 31 (7): 1069 - 1085.

❷ 陈云伟，杨志萍，方曙，等. 基于发明专利现状的我国技术创新能力分析 [J]. 科技管理研究，2007 (6): 9 - 12.

❸ Z. Griliches. Patent Statistics as Economic Indicators: A Survey [J]. Journal of Economic Literature, 1990, 28 (4): 1661 - 1707.

国家安全中的作用，创新成果对提升国家、地区或企业竞争力的贡献，而不能仅根据专利的数量来评价。[1] 陆飞和吴桂琴认为，专利权有效性的维持时间，在一定程度上反映了技术的品质水平、法律的保护水平、专利的实施水平。[2] 正如前文所述，专利维持时间是反映专利质量的重要指标，所以用专利维持时间评估技术创新能力或许是一个相对较好的方法。

## 二、专利维持时间与专利制度促进技术创新作用的幅度

专利维持时间是指专利权人享有垄断权的期间。依据我国现行专利法，在专利维持期间，除法律另有规定外，任何单位或者个人未经专利权人许可，都不得实施其专利，即不得为生产经营目的制造、使用、许诺销售、销售、进口其专利产品，或者使用其专利方法以及使用、许诺销售、销售、进口依照该专利方法直接获得的产品。但是如果专利权届满或者因为未缴纳专利维持年费被终止，即超越专利维持时间，则任何单位或者个人都可以免费使用该专利技术。从专利法的法理来讲，在专利维持期间，专利权人的独占权会阻止后续的技术创新；而超越专利维持时间后，因为任何人均可以免费使用相关专利技术，从而促进后续的技术创新，进而推动科学技术和社会经济发展。所以专利维持时间不仅是评价发明或者创新强度的信息资源和反映专利保护程度的信息指标，而且是评价技术创新强度的重要工具。

---

[1] 路甬祥. 不能根据论文和专利的数量评价技术创新 [J]. 中国信息界，2005 (16)：15.

[2] 陆飞，吴桂琴. 四所委属重点高校专利权提前终止因素探析 [J]. 研究与发展管理，1994 (5)：31 - 34.

因为专利权很少被市场化，但是绝大多数国家的专利法都规定，专利权人必须定期缴纳专利维持费，以保持其专利权继续有效，所以专利维持时间在一定程度上反映了专利保护价值和技术创新能力。也就是说，专利维持时间可以作为评价专利制度绩效的工具。另外，专利维持数据还可能反映技术创新过程的不同特征，包括创新向市场开放的性质和创新在被淘汰过程中得到的回报程度等。专利维持情况与研究机构实际情况的结合还可以用来评估不同研究机构的绩效和专利政策改革的效果，所以专利维持数据可以作为评价创新产出的更为精确的指标。

综上所述，专利维持时间比专利的申请量或者授权量更能反映国家或者地区的技术创新能力。

## 第四节　影响专利维持时间的主要因素

影响专利维持时间的因素很多，除在第二章讨论过的专利保护范围、创造性标准高低等专利制度内的因素外，本部分从专利技术及其相关因素、专利管理水平、技术交易制度、政府资助政策、企业专利战略、创新主体规模和授权专利的专利局的差异等专利制度外的角度对其进行研究。

### 一、专利技术信息及商业化程度对专利维持时间的影响

能够影响专利维持时间的技术自身及其相关因素很多，这里仅从技术的专利申请信息（权利人国别、权利人类型、技术领域和专利族）、专利技术的市场前景、专利技术的商业化水平等方面进行说明。

## （一）权利人国别、权利人类型*、技术领域**和专利族***

**表3-1　权利人国别、权利人类型、技术领域和专利族影响专利维持时间的主要相关研究成果**

| 研究者 | 研究成果发表时间 | 影响因素 | | | | | 研究结论 |
|---|---|---|---|---|---|---|---|
| | | 权利人国别 | 权利人类型 | 技术领域 | 引证指数 | 专利族 | |
| 卡朋特（Carpenter），纳林（Narin），伍尔夫（Woolf） | 1981年 | | | | √ | | 在相同条件下，引证指数较多的专利产品要比参照技术产品的商业价值高得多，专利维持时间也较长❶ |
| 佩克斯，辛普森 | 1989年 | √ | | √ | | √ | 专利维持曲线随产业类型、专利族和权利人国别不同而变化❷ |

* 权利人类型及专利权人的类型，一般指工矿企业、高等院校、科研院所、个人和机关团体等。

** 专利技术领域一般是指根据《国际专利分类斯特拉斯堡协定》划分的A（生活需要）、B（作业运输）、C（化学冶金）、D（纺织造纸）、E（固定建筑物）、F（机械工程、照明、加热、武器、爆破）、G（物理）、H（电学）八大技术领域，有时是按照产业标准划分的。

*** 专利族是指具有共同优先权的在不同国家或国际专利组织多次申请、多次公布或批准的内容相同或基本相同的一组专利。

❶ M. Carpenter, F. Narin, P. Woolf. Citation Rates to Technologically Important Patents [J]. World Patent Information, 1981, 4 (3): 160-163.

❷ A. Pakes, S. Margaret, J. Kenneth, M. Edwin. Patent Renewal Data: Comments and Discussion [R]. Brookings Papers on Economic Activity; 1989; ABI/INFORM Global pg. 331.

（续表）

| 研究者 | 研究成果发表时间 | 影响因素 | | | | | 研究结论 |
|---|---|---|---|---|---|---|---|
| | | 权利人国别 | 权利人类型 | 技术领域 | 引证指数 | 专利族 | |
| 佩克斯，艾莉尔（Ariel）；辛普森，玛格丽特（Margaret） | 1989年 | √ | | √ | | √ | 不同国别、不同技术领域的专利权人对专利的维持情况不同；专利所在专利族不同，其专利维持情况不同❶ |
| 阿尔伯特（Albert），埃弗里（Avery），麦卡利斯特（McAllister），纳林 | 1991年 | | | √ | √ | | 技术领域与专利引证指数之间存在明显的联系❷ |
| 布朗（Brown） | 1995年 | √ | | √ | | | 从国别来看，日本的专利权人对专利的维持率较高；从技术领域来看，化学和电学领域的专利维持率较高❸ |
| 布里茨曼（Breitzman），纳林 | 1996年 | | | √ | √ | | “领先技术领域”专利的引证指数比普通专利的引证指数高7倍❹ |

❶ A. Pakes, S. Margaret, J. Kenneth, M. Edwin. Patent Renewal Data [R]. Brookings Papers on Economic Activity, Microeconomics, 1989, 62(3): 331－410.

❷ M. Albert, D. Avery, P. McAllister, F. Narin. Direct Validation of Citation Counts as Indicators of Industrially Important Patents [J]. Research Policy, 1991, 20 (3): 251－259.

❸ William. H. Brown. Trends in Patent Renewals at the United States Patent and Trademark Office [J]. World Patent Information, 1995, 17(4): 225－234.

❹ A. Breitzman, F. Narin. A Case for Patent Citation Analysis in Litigation [J]. The law Works, 1996, 3.

（续表）

| 研究者 | 研究成果发表时间 | 影响因素 | | | | | 研究结论 |
|---|---|---|---|---|---|---|---|
| | | 权利人国别 | 权利人类型 | 技术领域 | 引证指数 | 专利族 | |
| 特拉基腾伯格，贾菲(Jaffe)，亨德森(Henderson) | 1997年 | | | √ | √ | | 如果属于技术领域较宽或不同技术领域的专利引证同一专利，则被引证专利可靠性高，专利维持时间较长；如果大多数引证专利都集中在一个较小的技术领域中，则引证专利的可靠性较低，专利维持时间可能较短❶ |
| 托马斯(Thomas) | 1999年 | | | √ | | | 技术领域的社会价值对专利维持决定的影响比专利维持的经济成本更重要❷ |
| 哈霍夫(Harhoff)，纳林，谢勒(Scherer)，沃佩尔(Vopel) | 1999年 | √ | | | √ | | 德国和美国专利中，维持到法定期限届满的专利的引证指数比届满前终止的专利的引证指数多❸ |

❶ M. Trajtenberg, A. Jaffe, R. Henderson. University Versus Corporate Patents: A Window on the Baseness of Invention [J]. Economics of Innovation and New Technology, 1997, 5 (1): 19 – 50.

❷ P. Thomas. The Effect of Technological Impact upon Patent Renewal Decisions [J]. Technology Analysis & Strategic Management. 1999, 11 (2): 181 – 197.

❸ D. Harhoff, F. Narin, F. M. Scherer, K. Vopel. Citation Frequency and the Value of Patented Inventions [J]. The Review of Economics and Statistics. 1999, 81 (3): 511 – 515.

（续表）

| 研究者 | 研究成果发表时间 | 影响因素 | | | | | 研究结论 |
|---|---|---|---|---|---|---|---|
| | | 权利人国别 | 权利人类型 | 技术领域 | 引证指数 | 专利族 | |
| 霍尔（Hall），特拉基藤伯格，贾菲 | 2001年 | | | | √ | | 影响专利维持决定的首要因素是专利后引指数，它反映了申请日时引证和被引证专利之间的区别，反映了技术替代周期的长短❶ |
| 莫尔西斯（Maurseth） | 2005年 | | | √ | √ | | 跨技术领域引证的专利维持时间相对较长；同一技术领域相互引证专利的维持时间相对较短。前者容易使发明取得重要的突破，后者体现了多项发明竞争创新的局面❷ |
| 中西，山田 | 2008年 | | | √ | | | 不同产业的专利被终止率不同，化学和医药行业比其他行业专利被终止率低❸ |

❶ B. Hall，M. Trajtenberg，A. B. Jaffe. The NBER Patent Citations Data File：Lessons，Insights and Methodological Tools [R]. 2001，NBER Working Paper 8498.

❷ P. Maurseth. Lovely but Dangerous：the Impact of Patent Citations on Patent Renewal [J]. Economics of Innovation and New Technology，2005，14(5)：351－374.

❸ Y. Nakanishi，S. Yamada. Measuring the Rate of Obsolescence of Patents in Japanese [R]. MPRA Paper No. 10837 posted 30. September 2008 / 04：13.

（续表）

| 研究者 | 研究成果发表时间 | 影响因素 | | | | | 研究结论 |
|---|---|---|---|---|---|---|---|
| | | 权利人国别 | 权利人类型 | 技术领域 | 引证指数 | 专利族 | |
| 刘坤(Liua)，阿琴斯(Arthursa)，卡伦娜(Cullena)，亚历山大(Alexanderb) | 2008年 | | | √ | | √ | 通过对美国医药和生物技术专利数据的研究，认为专利族的大小对专利维持时间很重要，专利族大的专利维持的时间相对较长，对持续创新的作用也较大❶ |
| 格伦奎斯特(Gronqvist) | 2009年 | | √ | √ | | | 不同技术领域中的专利价值不同，如专利保护能为其带来较大收益的技术领域(如医药领域)的专利价值更高；专利保护的宽度对专利价值的影响不大不同技术领域中的专利价值不同，如专利保护能为其带来较大收益的技术领域(如医药领域)的专利❷ |
| 格伦奎斯特条 | 2009年 | | √ | √ | | | 价值更高专利保护的宽度对专利价值的影响不大 |

权利人国别、权利人类型、技术领域和专利族等专利技

---

❶ K. Liua, J. Arthursa, J. Cullena, R. Alexanderb. Internal Sequential Innovations: How does Interrelatedness Affect Patent Renewal [J]. Research Policy, 2008, 37 (5): 946 - 953.

❷ C. Gronqvist. The Private Value of Patents by Patent Characteristics: Evidence from Finland [J]. The Journal of Technology Transfer, 2009, 34 (2): 159 - 168.

术信息影响专利维持时间的主要研究成果以发表时间为顺序归纳为表 3 – 1。

从表 3 – 1 可以看出，就研究成果的发表时间来看，在 1981 ~ 2009 年期间，国外关于专利的技术信息对专利维持时间的影响的相关研究不少，特别是 1989 ~ 1991 年期间、1995 ~ 1999 年期间和 2008 ~ 2009 年期间是相关研究成果发表的高峰期；从影响指标来看，研究技术领域对专利维持时间的成果最多（11 项），其次是引证指数（7 项），再次是权利人国别（4 项）和专利族（3 项），研究权利人类型对专利维持时间影响的研究成果最少（1 项）。当然，相关研究成果多，并不意味着影响程度大，具体的影响程度需要进一步深入研究。

**（二）专利技术商业化水平**

商业化水平从某种程度上决定了专利技术为创新主体带来收益的可能性及收益率的高低。如果专利技术的商业化水平高，说明其转化为经济效益的可能性大；反之亦然。因为要使授权专利继续有效，就必须缴纳规定的专利维持费，所以专利技术的预期商业价值直接影响专利维持时间。克拉克（Clark）和贝文（Berven）认为，为了较为准确地评估影响某种医药专利维持时间的因素，必须认真分析已公开的各种专利信息数据和市场信息数据。[1] 斯文森（Svensson）的研究结论认为，专利技术的商业化程度对专利维持决定非常重要。与非商业化专利相比，将纯粹用来保护其他专利的防御专利

---

[1] A. Clark，H. Berven. The Face of the Patent is not the "Whole Story"：Determining Effective Life of a Pharmaceutical Patent in the United States [J]. World Patent Information. 2004，26（4）：283 – 295.

维持到保护期届满的风险率较高。[1]这说明将专利商业化比将其用作防御专利对专利维持更为重要，至少对小企业和个人来说是这样。事实上，并不是所有的专利申请人申请专利都是为了自己实施。因为技术所处领域不同，申请人的实施条件所限，注定一部分专利不能被申请人自己实施，而是通过许可、转让、质押、入股、投资方式获得收益。但由于专利技术市场的不完善，妨碍了这些专利价值的实现，减少了专利收益。所以即使维持专利的成本没有变化，专利技术的商业化水平降低而减少专利收益的原因，也会导致一些专利被终止，缩短专利维持时间。

## 二、专利制度及授权机构对专利维持时间的影响

### （一）专利维持年费制度

专利维持年费制度是对专利维持时间影响最大的制度性因素。专利维持费是指为了维持专利继续有效而依据专利法规定向专利行政机构定期缴纳的费用。专利维持年费制度是指通过要求专利权人缴纳专利维持年费，适度增加专利维持成本，影响专利维持时间，平衡专利权人和社会公众利益，促进技术创新的制度。专利权人是否维持专利、维持专利多长时间主要取决于其权衡维持专利成本和收益的结果。专利获得授权后，维持成本主要是缴纳年费。专利维持年费的多少和不同档次之间增加数额幅度的大小会对专利的维持时间产生非常重要的影响。实践中，很多专利权人特别是科研院

[1] R. Svensson. Licensing or Acquiring Patents? Evidence from Patent Renewal Data [R]. Research Institute of Industrial Economics, August 2007.

所放弃一些有价值的专利的主要原因是因其资金所限，无法缴纳专利年费所致。因此，专利维持年费的多少将直接影响专利维持时间的长短，或者说，专利维持年费制度的合适程度将直接影响专利维持时间的合理分布。

### （二）专利授权机构

由于专利制度的地域性，不同国家或地区的专利授权标准存在不同程度的差异，即相同技术在不同国家或地区获得授权的可能性存在一定差异。即使都获得授权，因当地技术发展水平、商业环境和科技政策及文化等方面的差异，该授权专利在不同国家或地区的收益率可能不同，导致该专利的维持时间可能有所区别。这一观点已经得到相关研究证实。邓伊（Yi Deng）通过对欧洲专利局在 1978～1996 年期间授权专利的维持情况分析认为，欧洲专利局授权专利的价值远比其各成员国授权专利的价值高，维持时间也相应较长，而且专利价值随着该专利所在国家经济规模及其经济回报率增加而增加。[1] 可见，授权机构也是影响专利维持时间的重要因素之一。

## 三、专利管理制度及专利战略对专利维持时间的影响

### （一）专利管理制度

专利管理制度通过调整创新主体的专利运用和管理能力，影响专利的维持时间。合理高效的专利管理制度可以提高创新主体的专利运用和管理能力，为创新主体带来更多的经济收益。在同等条件下，如果专利管理制度完善，专利权人获

---

[1] Yi Deng，Private Value of European Patents［J］. European Economic Review. 2007，51（7）：1785－1812.

得专利收益的可能性就较大；反之，基于专利技术获得的收益的可能性相对较少。创新主体从专利中获益的多少在很大程度上决定了专利的维持时间。以我国为例，目前很多企业特别是中小企业的专利运用和管理能力较弱，缺乏较为完善的专利申报和审核制度，对是否申请专利、何时申请、获得授权的专利维持多长时间、是否转让或者许可等问题的决策缺乏科学依据。这些因素导致其基于专利技术的收益很少，其专利维持时间也很短。另外，企业的研发强度和规模大小对专利技术的实施率和收益率会产生很重要的影响。迪盖（Duguet）和永格（Iung）通过对企业层面的专利维持数据研究认为，企业的研发强度和规模大小对专利维持时间存在明显的正面影响。❶ 因为研发强度高、规模大的企业在人力资源、财政支持和制度建设等方面都有较好的优势，所以通过优化专利维持时间，充分实现专利价值的可能性较高；反之亦然。可见，企业的专利管理制度、研发强度和规模大小都会对专利维持时间产生一定程度的影响。

### （二）专利技术市场前景的预测能力

对专利技术市场前景的预测能力在很大程度上影响专利技术的实施程度，从而影响专利技术价值的实现程度，进而直接影响专利维持时间。对专利技术市场前景看好，并且预期替代技术出现所需时间较长时，企业会决定对其进行较大规模的实施。如果这种预测准确，相关专利的维持时间就比

❶ E. Duguet, N. Iung. R&D Investment, Patent Life and Patent Value [R]. 1997, Working paper No. G 9705, Institut National de la Statistique et des ? tudes Economiques, Malakoff Cedex.

较合理。但预测不准时，也可能导致相关专利的维持时间过短或者过长。不过，企业在决策专利是否维持、维持多长时间时，需要一定的发展眼光。如有些企业对一些暂时没有市场价值，但随着技术的成熟，不久就会有市场的专利缺乏战略分析，随意放弃是极不恰当的。目前我国专利利用率不高、随意放弃专利的现象较为严重，与企业对专利技术市场前景判断不准密切相关。另外，专利技术的可实施性和专利产品的市场份额也是影响专利维持时间的重要因素。例如，一项专利技术，如果很容易实施，且该专利产品又有好的销路，替代产品也较少时，拥有专利的企业就不会轻易放弃该专利。值得一提的是，专利授权初期因为技术的不成熟性、市场化程度弱，导致其收益的不确定性等原因，有可能使得有一定价值的专利被终止。佩克斯和尚克曼认为，专利在授权初期被终止率非常高，是因为专利申请一般发生在创新活动初期，这个阶段专利申请人还处于寻找从发明中获得收益机会的阶段。此时的专利权人能从专利中获得收益的多少，在很大程度上取决于其对专利技术市场前景不确定性判断的准确性。[1]因此，很多国家的专利制度规定的授权初期的专利维持费数额都较低，这在一定程度上对授权初期市场前景不明的专利起到了扶持作用。

**（三）企业专利战略**

合理选择专利维持时间是企业战略的重要组成部分。专

[1] A. Pakes, M. Schankerman. The Rate of Obsolescence of Knowledge, Research Gestation Lags, and the Private Rate of Return to Research Resources [R/OL]. 1979. NBER working paper series 346. http://www.nber.org/papers/w0346.pdf

利维持时间不仅是反映企业专利活动的重要信号，也会影响私人或者公共部门的决策。专利维持过程有时也可以看做专利权人与其竞争对手之间的利润博弈过程。卡郎普斯（Crampes）和朗吉尼耶（Langinier）认为，专利权人不仅掌握专利技术的相关信息，而且清楚其专利维持行为会直接影响竞争对手是否进入相关市场的决定，所以专利权人调整专利维持时间的行为可以作为一种战略手段。[1] 一般情况下，企业主要利用两种改变专利维持时间的方式作为赢得竞争对手的策略：（1）延长实际应用价值不高的专利的维持时间给竞争对手造成假象。专利权人是否延长专利维持时间的信息可以给竞争对手传递相关的市场利润信息。在不使用专利维持战略的情况下，不缴纳专利维持年费仅意味着专利的预期利润小于其预期成本。如果专利权人不缴纳专利维持费，致使专利权被终止，就意味着该专利技术市场价值无利可图。但因为一些内在支出统计信息的缺失和需求信息的不足形成的信息不对称，使得竞争对手不敢确定专利权人为什么会延长或缩短专利维持时间的理由。因此，专利权人有时会故意延长收益不大的专利的维持时间，使得竞争对手相信该技术市场收益较好，达到迷惑对方的目的。因此，有时一件专利并没有什么真正的实用价值，但是专利权人却花费很大的精力去维持它，正是专利权人运用专利维持战略的体现。（2）放弃有一定经济价值的专利迷惑竞争对手。专利权人确定是否继续维持专利时，应该权衡不同产品的专利优势利润与吸引

[1] C. Crampes, C. Langinier. Information Disclosure in the Renewal of Patents [J]. Annalisa d' Economie et de Statistique. 1998, 49/50: 262 – 288

竞争对手进入高利润市场风险之间的关系。这种博弈过程中存在很多均衡。当竞争对手对市场盈利率的预期较低时，为了向竞争对手发出迷惑“信号”，即使市场有利于专利权人，专利权人也可能会通过缩短专利维持时间迷惑竞争对手。这或许正好解释这样一种现象，即有时一项非常重要的专利的维持时间却很短，而且是专利权人主动不缴纳专利维持费用终止专利权。这也是较为常见的专利维持战略之一。值得一提的是，企业专利战略对专利维持时间的影响与其他因素的影响在性质上存在根本性差异。

本书认为，除了上述因素外，另外还有两点需要注意。一是专利授权初期专利被大量终止的原因。专利授权初期因为技术的不成熟性、市场化程度弱，导致其收益的不确定性等原因，有可能使得有一定价值的专利被终止。佩克斯和尚克曼认为，专利族（cohorts of patents）在授权初期被终止率非常高，是因为专利申请一般发生在创新活动初期。这个阶段专利申请人还处于寻找从发明中获得收益机会的阶段，专利权人能从专利中获得收益的多少，在很大程度上取决于专利技术本身等存在较大的不确定性。专利权人会逐渐发现其持有专利的真实价值。此时，如果专利申请人没有完全掌握发明的相关信息，专利制度的激励作用仅仅发挥了一部分。[1] 因此，几乎所有国家的专利制度都规定，专利授权初期的维持费数额很小，这也在一定程度上强化了专利制度的激励作用。二是要明确一个道理，即真正发挥作用的专利只是少数。绝

---

[1] A. Pakes, M. Schankerman. The rate of obsolescence of knowledge, research gestation lags, and the private rate of return to research resources [R]. NBER working paper series, 1979, 346.

大多数专利被证明只有很小的价值，其他专利只是这些很少专利发展过程中的“投资”。如果这种解释能够反映专利过程的本质，那么很难在专利过去和现在收益之间或者在完成这些专利的研发支出的过去和现在收益之间找到一种稳定的关系。

## 第五节　本章小结

专利权维持时间越长，表明其创造经济效益的时间越长，市场价值越高，或者说，维持时间长的专利，通常是技术水平和经济价值较高的专利，或者说是核心专利。[1] 专利维持时间达到其最优维持时间的数量占所有授权专利的比例是衡量专利制度绩效高低的重要指标之一。尽管不同国家或地区都规定了基本统一的专利法定保护期限，但是专利年费制度等一系列影响因素造成了专利维持时间存在很大区别的现实。专利维持时间确实在很大程度上反映了专利质量，用专利维持时间评价专利质量也是一个相对较好的方法；但是因为专利质量内涵的模糊性和评价其质量的指标的复杂性，使得运用专利维持时间评价专利质量产生一定的误差。同时，专利的维持时间比专利的申请量或者授权量更能反映国家或者地区的技术创新能力。专利维持时间受专利制度中相关制度、专利技术及相关信息、专利管理水平、技术交易制度、政府资助政策、企业专利战略、创新主体规模和授权专利的专利局的差异等因素的影响。

[1] 国家知识产权局.2008 年中国有效专利年度报告［R/OL］. http：//www. sipo. gov. cn/sipo2008/mtjj/2009/200908/t20090826_ 473643. html 2009 - 12 - 18.

# 第四章 专利维持年费制度及其优化

专利维持年费制度是各国现行专利制度中常见的激励创新的重要机制之一。专利制度作为一种政策工具，虽然作为法律制度（如专利法）需要相关立法机构最终通过，但是像专利法实施细则、专利指南及专利维持年费标准等政策或规则的主导者或者制定主体多数情况下是政府机构。政府机构对授权专利的成本和价值并不是很了解，所以解决这个问题面临信息不对称的问题。[1] 而专利权人对其研发产生的成本与收益拥有较为完整的信息。但政府可以通过设置一种优化专利维持时间的机制——专利维持年费制度，促使专利权人通过缴纳专利维持年费多少的行为来显示其从单个专利中获得收益的大小，进而反映专利的相关信息。或者说，专利维持费制度在某种程度上解决了信息不对称的问题。因此，设置并完善专利维持年费制度，有效、合理区分专利维持时间，完善专利制度，可以提高专利制度运行绩效。

专利维持年费制度是个复杂系统问题，涉及很多问题，本章主要研究专利维持年费制度在专利维持制度中的作用、主要国家或地区专利维持年费制度特点和专利维持年费制度的优化等问题。

---

[1] B. Wright. The Economics of Invention Incentives: Patents, Prizes and Research Contracts [J]. American Economic Review, 1983, 73 (4): 691-707.

## 第一节　专利维持年费制度在专利维持制度中的作用

分析专利维持年费机制的内涵和发展过程，对研究专利维持年费机制的运行机理和作用、完善专利维持年费机制、提高专利制度运行绩效、促进技术创新非常重要。

### 一、专利维持年费机制的内涵及其发展

专利维持费（patent maintenance fee or patent renewal fee）是指为了维持专利继续有效而依据专利法规定向专利行政机构定期缴纳的费用。不同国家或者地区的专利法对缴纳费用数额和缴纳方式的规定有所不同，很多国家专利法规定专利维持费用是以年为单位缴纳的，所以通常将其称为专利维持年费或者年费。专利维持年费机制是规范专利维持费用的数额、缴纳模式、缴纳时间以及不缴纳带来的后果等行为的规则，是专利维持制度的核心机制也是各国现行专利制度中不可或缺的激励技术创新的重要机制之一。

最早的专利维持年费机制并不是与专利制度同时形成的，而是在专利制度产生后很长时间才设置的，或者说，专利维持年费机制是现代专利制度的产物。例如德国和法国等一些欧洲国家的专利维持年费制度是在20世纪50年代设置的，而美国专利维持年费制度是在20世纪80年代才开始设置的。[1] 不过，新中国专利制度建立于20世纪80年代，其专

[1] Z. Griliches. Patent Statistics as Economic Indicators：A Survey［J］. Journal of Economic Literature，1990，28（4）：1661－1707.

利维持年费制度与专利制度同时建立。目前，绝大多数国家都规定要维持授权专利继续有效，就必须依据规定缴纳相应的专利维持费。这一规定不仅可以为国家带来一定的财政收入，也可以促使部分权利人在适当的时候放弃专利，使得一些技术进入公有领域，促进技术创新。另外，一些国家或者地区甚至在专利授权之前要收取一定数量的专利申请维持费。个别国家曾尝试取消这种收取专利维持年费的做法，但是不久就恢复了收费制度。[1] 可以想象，专利维持年费机制产生之后，专利法定保护期的作用比建立专利维持年费机制的专利法定保护期的作用小得多，因为专利维持年费机制使得很多专利维持不到其法定保护期届满，即专利法定保护期的作用仅适用于很少的部分专利。因此，本书认为，可以依据专利维持年费机制的有无，将专利制度发展划分为两个阶段：无专利维持年费机制的专利制度阶段和有专利维持年费机制的专利制度阶段（本书将后者称为现代专利制度）。在无专利维持年费机制的专利制度阶段，专利权人不需要缴纳专利维持费，维持专利的成本很低，绝大多数专利会维持到法定期限届满，专利权人的个体利益得到很高程度的保护。在有专利维持年费机制的专利制度阶段，因为专利权人要想维持专利继续有效，就得不断地缴纳专利维持费，而且维持费的数额随着维持时间的延长不断增加，增加了专利权人的维持成本，使得很多专利都维持不到法定保护期届满，就进入公有领域，有利于促进技术创新，增加社会公众利益。因此，专

---

[1] http：//www. new-inventions-success. com/Patent-Renewal. html 2010 - 1 - 24.

利维持年费机制的设置标志着专利制度宗旨从保护专利权人个体利益到保护专利权人利益和社会公众利益并重的飞跃，并使得专利制度促进技术创新的作用得到质的提升。

## 二、专利维持年费机制与现代专利制度

专利维持年费机制是现代专利制度发展的产物。它不仅对提升现代专利制度技术创新的促进作用具有重要意义，而且对提高现代专利制度的运行绩效具有重要作用。

### （一）专利维持年费机制在现代专利制度中的重要性

专利维持年费机制的实质性目的是促使专利权人在获得合理收益条件下放弃其专利，增加公共利益，同时补偿专利制度的管理成本；所以专利权人在运用成本收益平衡原则决定是否维持专利或维持多长时间时，考虑的最重要的成本就是专利维持年费的多少。专利维持年费机制使得相当一部分专利技术及早进入公有领域，很大程度上加速了后续的发明创造，促进了整个社会的技术创新。可见，专利维持年费机制可以通过改变专利维持成本，影响专利维持时间，协调专利权人的个体利益和社会公众利益的平衡，加快专利制度目标的实现。专利维持年费机制对现代专利制度的正常运行发挥着不可替代的作用。

### （二）专利维持年费机制对专利制度运行绩效的影响

专利维持年费机制在以下方面影响专利制度的运行绩效。首先，高效的专利维持年费机制是专利制度实现促进技术创新目的的重要保证。政府机构通过优化专利维持费机制，调动专利权人积极性，适时维持或终止专利，从而提高研发活动的效率。创新主体利用现有的专利维持机制，选择有利于

IP

其自身利益和社会利益最大化的专利维持时间。在激励理论和个体理性的作用下，有效专利维持年费机制可以通过调整专利维持率和维持时间提高专利制度绩效。同时，该制度也成为平衡激励个体创新和因垄断引起社会净损失增加的重要政策工具。其次，专利维持年费机制通过调整授权专利的维持数量，优化资源配置，提高专利制度运行绩效。通过观察不同专利族的维持比例、参考专利维持年费结构，将会发现被维持专利的价值分布信息及其专利寿命的分布函数。参考不同阶段缴纳专利维持费用的数额，考察不同阶段专利维持的比例，将会发现包含相关专利的价值分布以及这种分布对专利寿命跨度的影响。因此，从专利维持行为和专利维持年费结构角度构建评价专利有效期间不同阶段的专利收益模型成为可能。根据专利维持年费机制，专利是否维持的可能性与专利维持年费数额呈现一定程度的负相关关系。再次，通过调整专利维持年费机制可以提高专利的整体质量，降低专利行政成本。在相同的专利维持年费的数额和结构条件下，专利维持届满率与专利的整体质量成正比。在特定情况下，调整专利维持年费机制，如专利维持年费（前端收费）数额的增加可以在一定程度上过滤掉一些质量过低的专利；而且专利维持年费的增加可以通过终结低质量专利寿命的方式促进创新技术的传播，增加相应的公众利益。最后，专利维持年费机制在一定程度上促进专利的实施。专利维持年费机制要求专利权人在规定的时间内缴纳一定数量的专利维持费，增加了专利成本，这在一定程度上强化了专利权人具有实施专利的可能性，进而提高专利制度运行绩效。总之，专利维持年费的数额及其结构将直接影响专利维持率和维持时间，从而影响专利制度的运行绩效。

## 三、专利维持年费机制的运行机理

专利制度是以专利权人公开其发明技术方案为成本，换取一定时间的垄断权，从而激励更多的创新成果的机制。专利维持年费机制是通过专利权人缴纳一定数额的专利维持年费，换取授权专利继续有效，从而获得更多收益的机制。如果专利权人对其研发产出及专利成本和收益拥有较为完整的信息，则可根据专利维持年费的数额和结构确定将专利继续维持，还是不再缴纳专利维持年费而将专利终止。[1] 该机制是处理一个次优平衡的机制，即平衡促进个体创新的激励作用与因专利权人垄断地位而引起社会净损失降低作用的重要政策工具。

### （一）专利维持年费机制的一般机理

相关国际公约和绝大多数国家的专利法都规定，为了维持授权专利继续有效，专利权人必须缴纳一定数量的专利维持年费。如果没有按照要求在限定时间内缴纳规定数量的专利维持年费，相关专利将因未交专利维持年费而被终止。假定专利权人是根据经济标准确定专利是否维持的决定，那么他就会在该专利收益[2]大于其成本时维持该专利；反之，会放弃该专利。对专利权人而言，依据规定缴纳维持年费至少可以获得两种好处：一是缴纳维持年费近期可从专利中获得现

[1] F. Cornelli, M. Schankerman. Patent Renewals and R&D Inventive [J]. The Rand Journal of Economics, 1999, 30 (2): 197 - 213.

[2] 专利权人从其持有的专利中获得的收益只是专利收益的小部分。

值收益；二是专利继续有效，为以后缴纳维持年费准备条件，从而获得更多的预期收益。专利权人缴纳专利费的理想条件是，专利现值收益和预期收益之和大于维持专利的成本（主要指专利维持年费）。在维持年费数额不变的情况下，专利权人评估预期净收益价值取决于现值收益和从现有信息获知的未来预期收益两个因素。对专利权人来说，最优的后续政策在于专利维持（或者终止）的最优规则，即决定专利权人在每个阶段是否缴纳专利维持年费维持专利的规则，或者说专利权人要最大化其是否维持专利的决定中获得净收益的规则。在现有专利制度的框架下，调整专利维持费用数额和结构是专利局通过调整专利维持成本，协调专利保护效果的有效选择之一。❶

**（二）专利维持年费机制中专利收益与成本的特点**

因为专利的收益往往是预期收益，存在较多的不确定性，所以专利权人经常会面临是否缴纳确定的专利维持费用，维持专利在下一年度中继续有效的问题。如果专利维持年费没有按照规定缴纳，专利权将可能永久性被终止。❷ 如果按照规定缴纳专利维持费，且专利的维持时间小于法定保护期限，

---

❶ S. Scotchmer. On the Optimality of the Patent Renewal System [J]. The Ran Journal of Economics, 1999, 30 (2): 181 - 196.

❷ 多数国家的专利法或者实施细则对缴纳专利维持年费规定一定期限的宽限期。例如我国现行专利法实施细则规定：专利权人未缴纳或者未缴足的，国务院专利行政部门应当通知专利权人自应当缴纳年费期满之日起6个月内补缴，同时缴纳滞纳金；滞纳金的金额按照每超过规定的缴费时间1个月，加收当年全额年费的5%计算；期满未缴纳的，专利权自应当缴纳年费期满之日起终止。

专利权人在下一年度中继续将面临类似的问题。[1] 如果专利维持时间已经等于专利法定保护期限，专利权人将不存在类似的问题。从专利中获得的收益具有不确定性的一种特殊情况需要注意，即在专利获得授权初期，专利权人会积极探索最大化其专利收益的途径。这种途径存在一种积极的可能性，即专利权人将寻找比现阶段获得更多收益的途径。这种可能性将引导专利权人缴纳目前的专利维持费，即使目前专利获得的收益小于专利维持成本。不过，专利权人对其拥有专利的相关收益信息很难全面掌握，尽管随机收益是一种内在的财产价值，但每年缴纳的维持费成为一种执行价格，所以专利维持实质上是类似于经营一种实物期权。可见，专利收益的不确定性与专利成本（主要是维持年费）的确定性的平衡作用是推进专利维持机制正常运行的核心。

**（三）政府在专利维持年费机制中的地位**

专利制度作为一种政策工具，虽然作为法律制度（如专利法）需要相关立法机构最终通过，但是像专利法实施细则、专利指南及专利维持年费标准等政策或规则的主导者或者制定主体多数情况下是政府机构。政府机构对授权专利的成本和收益并不是很了解，而专利权人对其研发产生的成本与收益拥有较为完整的信息，所以政府机构解决这个问题时，面临信息不对称的问题。[2] 不过，政府可以利用专利维持年费机制，促使专利权人通过缴纳专利维持年费多少的行为来显示

---

[1] 美国专利维持年费制度除外，因为美国专利维持年费是每4年缴纳一次。

[2] B. Wright. The Economics of Invention Incentives: Patents, Prizes and Research Contracts [J]. American Economic Review, 1983, 73 (4): 691 -707.

其从单个专利中获得收益的大小，进而反映专利的相关信息。

### （四）专利维持年费标准的差异性

专利维持年费机制与特定时期的法律和经济制度及其现实条件的适应程度，将直接影响专利制度对技术创新和社会经济发展的促进作用。[1][2] 不同国家或地区专利局根据其法律和经济发展的实际情况，制定了不同的专利维持年费标准。这些制度是不同国家或者地区根据各自的实际情况制定的，它们对各自相关专利政策制定者和专利权人而言，都会产生不同的作用。对政策制定者而言，如何根据各国或者地区的技术创新水平和经济发展情况，制定相应的专利维持年费标准，是他们关注的主要问题；对持有不同国家或地区的专利的专利权人而言，掌握这些标准对其决定是否维持专利、维持多长时间等问题，至关重要。如果他们发现专利的商业价值降低或者不具商业价值，以至于低于其维持专利成本时，就可能及时通过不缴纳专利维持费而终止其专利。总之，专利维持年费的数额和结构将在不同国家或地区甚至同一国家或地区的不同发展阶段存在一定差异。

## 四、专利维持年费机制的作用

专利维持年费机制可以通过优化专利维持时间，影响后续发明创造的产出率，提升社会福利，鼓励更多的高水平研

---

❶ F. Cornelli, M. Schankerman. Optimal Patent Renewals [R]. LSE STICERD Research Paper No. EI13. January 1996. Available at SSRN: http://ssrn.com/abstract=1158292

❷ M. Schankerman. Strategies to Improve Patenting and Enforcement [R]. IPKat, 29 May 2008.

究者进行研发活动。从专利制度的目的来看，设置合理的专利维持年费机制是其促进技术创新的必然要求。通过设置有效的专利维持年费制度可以协调不同类型创新主体调整专利的有效维持时间，提高专利制度的运行绩效，从而增进社会福利。

### （一）区分创新主体的研发效度差异

完善专利维持年费机制有利于区分创新主体研发效度和产出差异。以企业为例，优化专利维持时间的依据主要取决于企业的研发效度（研发产品质量的提高或者成本的降低）、不同企业研发产出率的差异度和专利权人利用研发产出潜在利润的能力等经济条件。这些特征在不同的行业中表现不同，即使相同行业的不同企业的研发产出也有不同。根据不同企业具有不同研发产出的特征，可以利用专利维持年费机制调整不同企业专利维持时间的长短，从而促进技术创新。其理由是，任何过度提倡增加专利维持时间的做法将为技术创新水平较低、替代技术出现周期短的发明提供过多的保护作用；无视专利维持时间过短的事实对技术创新水平高、替代技术出现周期长的发明鼓励作用不足。对前者而言，社会需要付出更多的成本；而对于后者，则对发明不能给予充分的保护，阻碍技术创新，减少了社会福利，降低了专利制度的运行绩效。通过优化专利维持年费机制可以在很大程度上解决这个问题。

### （二）克服政府信息不对称缺陷

完善专利维持年费机制可以有效解决政府无法获得创新主体的研发信息的难题。政府可以根据创新主体的研发产出参数调节专利最佳的维持时间，从而促进技术创新。但是政府一般难以掌握创新主体的研发产出参数，不过，政府可以通过调整专利维持年费机制来影响专利维持时间。也就是说，政府利用专利维持年费机制调节专利申请人或者专利权人是否申请专利、申请什么类型的专利，或者是否维持专利、维持多长时间等。政府优化专利维持收费制度后，创新主体综合专利维持费数额及其他因素作出是否维持专利、维持多长时间的决定。如果创新主体对其发明的营利性不能确定，即使在合理的专利维持费制度下，是否维持专利的决定也很难做出。但是，如果专利技术有较为明确的预期收益，专利维持年费机制将是一个较好的调节机制。

**（三）提高创新主体专利维持效率**

完善专利维持年费机制有利于提高创新主体的专利维持效率。创新主体的差异性和专利技术实施效果的不确定性在决定专利维持年费机制中非常重要。高效的专利维持效率需要透明的研发过程和完整的专利维持信息做支撑。一般情况下，政府确定专利维持年费的数额和结构在先，创新主体选择最优的专利维持时间在后。企业根据现有的专利维持年费数额和结构决定其是否维持专利、维持多长时间的问题。合理的专利维持年费机制将引导创新主体有效地布局专利维持时间，节约成本，提高效率。

综上所述，政府能够而且应该完善专利维持年费机制，特别是优化专利维持年费数额和结构，并将其作为一种战略手段，调整专利维持时间的合理长度，促进技术创新，促进社会福利最大化。

## 第二节　主要国家或地区专利维持年费制度分析*

专利维持年费是专利权人为了继续获得专利技术受到法律保护带来的利益，而必须向专利局缴纳的费用。但是专利维持年费制度并不是和专利制度同时产生，其产生的时间比较晚，例如美国专利法在1982年才开始实施专利年费制度。实际上绝大多数国家都规定要维持授权专利继续有效，就必须缴纳规定的维持费，由此也为国家带来一定的财政收入。个别国家曾尝试取消这种收取维持费的做法，但是不久就恢复了收费制度。[1]一些国家甚至在专利授权之前就要收取一定数量的专利申请维持费，比如我国2001年通过的《专利法实施细则》第94条规定：专利申请人自申请日起满2年尚未被授予专利权的，自第3年度起应当缴纳申请维持费。[2]不同国家或地区专利局不同的专利维持年费标准，对各自相关专利政策制定者即政府和专利权人而言，都有不同的意义。对政府而言，如何根据各国或者地区的技术创新水平和经济发展情况，制定相应的专利维持年费标准非常重要；对持有不同国家或地区的专利的专利权人而言，掌握这些标准对其决定是否维持专利、维持多长时间等问题也很重要。如果它们发现专利的商业价值降低或者不具商业价值，以至于低于其维

* 本部分主要内容发表于《电子知识产权》2011年第1~2期，第130~134页。

[1] http：//www. new-inventions-success. com/Patent-Renewal. html 2010－1－24。

[2] 2010年1月9日通过、2010年2月1日起施行的《专利法实施细则》删除了原《专利法实施细则》第94条，取消了缴纳专利申请维持费的要求。

持专利成本时，就可能及时通过不缴纳专利维持费而终止其专利。下面主要分析美国专利商标局、欧洲专利局、日本专利局和我国知识产权局关于专利维持年费标准规定的特点。

## 一、美国专利维持年费制度及特点

美国专利制度建立于1790年，但是在1982年才开始实施专利维持费制度。美国专利法规定，自1980年11月12日起申请的所有专利，如果获得授权，自授权之日起4年之内被自动认为有效。《美国法典》第35篇第41条第b款（35 U. S. C. 41［b］）规定，在法定保护期内，为了保持专利继续有效，专利权人必须在授权后的第3.5年、第7.5年和第11.5年三个时间点缴纳专利维持费。《美国联邦法规》第37篇第1.362（d）条（37 CFR 1.362［d］）规定，每个缴费时间点之前6个月缴纳专利维持年费时，不需要缴纳滞纳金，这段时间通常被称之为“窗口期”（the window period）。第一个窗口期为授权后第3～3.5年的时间段，第二个窗口期为授权后第7～7.5年的时间段，第三个窗口期为授权后第11～11.5年的时间段。例如，如果你的专利是2003年11月30日被授权，那么2007年5月31日为缴纳专利维持费（不缴纳滞纳金）的最后一天。《美国联邦法规》第37篇第1.362（e）条（37 CFR 1.362［e］）规定，如果在规定的时间内没有缴纳专利维持年费，在宽限期内，专利维持年费可以在缴纳滞纳金的前提下继续缴纳，以便维持专利有效。第一个宽限期为授权第3.5～4年，第二个宽限期为授权第7.5～8年，第三个宽限期为授权第11.5～12年。

美国专利商标局授权专利维持年费及滞纳金具体数额如表4－1所示。

表 4-1　美国专利商标局授权专利维持年费（Patent Maintenance Fee）及滞纳金标准　（美元）

| 代码 | 授权后时间 | 专利维持年费 | 对小企业减免后的年费 |
|---|---|---|---|
| 1551/2551 | 第 3.5 年 | 980.00 | 490.00 |
| 1552/2552 | 第 7.5 年 | 2 480.00 | 1 240.00 |
| 1553/2553 | 第 11.5 年 | 4 110.00 | 2 055.00 |
| 1554/2554 | 超过第 3.5 年 6 个月需缴纳滞纳金 | 130.00 | 65.00 |
| 1555/2555 | 超过第 7.5 年 6 个月需缴纳滞纳金 | 130.00 | 65.00 |
| 1556/2556 | 超过第 11.5 年 6 个月需缴纳滞纳金 | 130.00 | 65.00 |
| 1557 | 因不可抗力导致专利被终止的，恢复时需要缴纳的罚金 | 700.00 | — |
| 1558 | 因过失导致专利被终止的，恢复时需要缴纳的罚金 | 1 640.00 | — |

资料来源：http：//www. uspto. gov/web/offices/ac/qs/ope/fee2009september15. htm #maintain 2009-12-7.

从表 4-1 可以看出，美国专利年费制度有如下的特点：首先，是在专利授权后第 3.5 年、第 7.5 年和第 11.5 年三个节点上缴纳一定数量的专利维持年费，而不是授权后每年都缴纳，这与很多国家不同。这里有两点需要强调：一是专利维持年费时间是从授权时间起算的，而不是从申请时间起算；二是缴费时间只有三个时间点，即每四年缴纳一次，而不是每年都缴纳。其次，对小企业给予优惠政策：小企业的专利维持年费和滞纳金等是其他类型专利权人数额的一半。再次，对因为不可抗力或过失使得错过缴纳专利维持年费而导致专利被终止的，规定了通过缴纳一定数量的罚金补救措施，而且因过失导致专利被终止恢复权利需要缴纳的罚金数额是因不可抗力导致专利被终止恢复权利需要缴纳的罚金数额的两倍多，具有一定的惩罚意义，显得更加符合法理。最后，超过规定时间后6个月内缴纳滞纳金的规定：如果超过规定期限未缴纳，在6个月之内，缴纳一定数量滞纳金后，可以补缴专利维持年费。如果超过规定期限的时间大于6个月，专利会因未交专利维持年费被终止，专利权失去效力，因不可抗力或者过失导致专利被终止的除外。

## 二、欧洲专利维持年费制度及特点

《欧洲专利公约》（以下简称《公约》）和《欧洲专利公约实施细则》（以下简称《实施细则》）分别对欧洲专利申请维持年费进行了规定。《公约》第86条规定了欧洲专利申请的年费：（1）申请欧洲专利时，应根据《实施细则》规定，向欧洲专利局缴纳维持年费。该年费自申请日算起，从第3年开始每年缴纳。（2）如果在到期日或在该日以前未缴纳年费，在到期后的6个月内缴纳仍然有效，但是应同时缴纳相应数量的滞纳金。（3）如未按期缴纳维持年费和滞纳金，欧洲专利申请应视为撤回，且只有欧洲专利局有权作出此项决定。（4）在公布授予欧洲专利通知当年的年费缴纳后，缴纳年费的义务即将告终止。[1]

《实施细则》第37条规定了缴纳年费的规定：（1）缴纳一项欧洲专利下一年度年费的期限是该专利提出申请一年后相应申请月最后一日，且按到期日的有效维持费数额缴纳。如在早于到期前一年缴纳年费，该缴纳无效。（2）如果一项年费在提高维持年费数额的决定生效后3个月到期，而且已

[1] 此规定应该是根据欧洲专利的特点及其与成员国专利的关系所做出的。从其内容来看，实质上是专利申请维持年费，与专利维持年费存在质的区别。

经按期缴纳了提高维持年费数额前应缴纳的金额，只要在到期后的6个月内缴纳差额，就应认为缴纳的维持年费有效，不征收任何滞纳金。(3) 按《公约》第86条第2款的规定，如在该规定的期限内缴纳了差额，就应视为同时缴纳了滞纳金。(4) 按《公约》第86条第1款规定应缴纳的年费，在涉及《公约》第76条第1款最后一句所指的欧洲专利分案申请时，该年费应在提出分案申请后的4个月内缴纳。《实施细则》第86条第2款和第3款都可适用。(5) 对于按《公约》第61条第1款 (b) 项所提出的一件新的欧洲专利申请，不要求缴纳提出该申请当年的和提出申请以前年份的年费。

欧洲专利维持年费和滞纳金具体数据如表4-2所示。

**表4-2　欧洲专利申请维持费 (patent renewal fee) 及滞纳金标准**

(欧元)

| 代码 | 距离专利申请日的时间 | 专利维持年费 |
|---|---|---|
| 033/093 | 第3年 | 420,00 + |
| 034/094 | 第4年 | 525,00 + |
| 035/095 | 第5年 | 735,00 + |
| 036/096 | 第6年 | 945,00 + |
| 037/097 | 第7年 | 1.050,00 + |
| 038/098 | 第8年 | 1.155,00 + |
| 039/099 | 第9年 | 1.260,00 + |
| 040/100 | 第10年 | 1.420,00 + |
| …… | …… | …… |
| 050/11 | 第20年 | 1.420, 00 + |

资料来源：http：//www. epoline. org/portal/public/！ ut/p/kcxml/04 2011 - 06 - 07.

从上述规定及表4-2可以看出，欧洲专利维持年费制度的特点表现在以下三个方面：首先，专利维持年费从申请日起第3年开始缴纳，至授予专利通知当年之后，缴纳年费的义务结束；其次，专利维持年费每年都要缴纳，且每年的数额不断增加，但增加幅度不大；最后，自申请日起第10年开始，专利维持年费和滞纳金数额均成为常数，不再增加。

### 三、日本专利维持年费制度及特点

日本专利维持年费制度的最大特点是依据专利申请日和实质审查时间将专利划分为四个部分缴纳专利维持年费。具体划分如下：根据专利申请日划分为1988年1月1日以后申请的专利和1987年12月31日以前申请的专利；依据实质审查时间又将每部分专利划分为2004年4月1日以后进行实质审查的专利维持年费标准和2004年3月31日以前进行实质审查的专利维持年费标准。上述四个部分专利维持年费标准分别如表4－3、表4－4、表4－5和表4－6所示。[1]

#### （一）1987年12月31日以前申请的专利适用表4－3和表4－4所列的专利维持年费标准

**表4－3　2004年3月31日以前进行实质审查的专利维持年费适用标准**

（日元）

| 距离专利申请日的时间 | 专利维持年费 |
|---|---|
| 第1～3年 | 7 500＋4 900/权利要求 |
| 第4～6年 | 11 900＋7 400/权利要求 |
| 第7～9年 | 23 800＋14 800/权利要求 |
| 第10～25年 | 47 500＋29 600/权利要求 |

[1] http://www.jpo.go.jp/cgi/linke.cgi? url＝/tetuzuki_ e/ryoukin_ e/ryokine.htm 2009－12－7.

表4－4　2004年4月1日以后进行实质审查的专利维持年费适用标准　（日元）

| 距离专利申请日的时间 | 专利维持年费 |
|---|---|
| 第1～3年 | 1 500＋1 000/权利要求 |
| 第4～6年 | 4 800＋2 900/权利要求 |
| 第7～9年 | 14 300＋8 800/权利要求 |
| 第10～25年 | 47 500＋29 600/权利要求 |

## （二）1988年1月1日以后申请的专利适用表4－5和表4－6所列的专利维持年费标准

表4－5　2004年3月31日以前进行实质审查的专利维持年费适用标准　（日元）

| 距离专利申请日的时间 | 专利维持年费 |
|---|---|
| 第1～3年 | 11 400＋1 000/权利要求 |
| 第4～6年 | 17 900＋1 400/权利要求 |
| 第7～9年 | 35 800＋2 800/权利要求 |
| 第10～25年 | 71 600＋5 600/权利要求 |

表4－6　2004年4月1日以后进行实质审查的专利维持年费适用标准　（日元）

| 距离专利申请日的时间 | 专利维持年费 |
|---|---|
| 第1～3年 | 2 300＋200/权利要求 |
| 第4～6年 | 7 100＋500/权利要求 |
| 第7～9年 | 21 400＋1 700/权利要求 |
| 第10～25年 | 61 600＋4 800/权利要求 |

日本专利维持年费标准的特点除了依据申请日和实质审查时间划分为四种情况适用不同标准外，还可以从表4－3、表4－4、表4－5和表4－6中得出如下特点：首先，以申请日为年费缴纳时间为起算点；其次，除了年费分阶段固定部分外，还对每项权利要求加收不同数量的附加年费，而且附加年费也随申请时间的延长而增长；最后，从专利申请日起前九年中，专利维持年费都是每三年增加一个幅度，而第10～25年则专利维持年费数额不变。

## 四、我国专利维持年费制度及特点

我国现行《专利法》第43条规定，专利权人应当自被授予专利权的当年开始缴纳年费；第44条第1款规定没有按照规定缴纳年费的专利权在期限届满前终止。2001年通过的我国《专利法实施细则》第90条规定，专利权人向国务院专利行政部门申请专利和办理其他手续时，应当缴纳专利登记费、公告印刷费、申请维持费、[1] 年费等费用；该实施细则第94条规定，专利申请人自申请日起满2年尚未被授予专利权的，自第3年度起应当缴纳申请维持费。期满未缴纳或未缴足费用的，视为未办理登记手续。授予专利权当年的年费，应当在专利局发出的授予专利权通知书中指定的期限内缴纳，以后的年费应当在前一年度期满前一个月内预缴。[2] 2010年1月9日通过对我国《专利法实施细则》第97条规定，申请人

[1] 2010年1月9日新通过的我国专利法实施细则将原细则第90条修改为第93条，并取消了缴纳专利申请维持费的规定。

[2] 2010年1月9日新通过的我国专利法实施细则删除了原专利法实施细则第94条。

办理登记手续时，应当缴纳专利登记费、公告印刷费和授予专利权当年的年费；期满未缴纳或者未缴足的，视为未办理登记手续；该实施细则第98条规定，授予专利权当年以后的年费应当在上一年度期满前缴纳。专利权人未缴纳或者未缴足的，国务院专利行政部门应当通知专利权人自应当缴纳年费期满之日起6个月内补缴，同时缴纳滞纳金；滞纳金的金额按照每超过规定的缴费时间1个月，加收当年全额年费的5%计算；期满未缴纳的，专利权自应当缴纳年费期满之日起终止。例如，缴费时超过规定缴费时间两个月，滞纳金金额为年费标准值乘以10%。授权前已获准专利费用减缓的，自授权当年起连续三个年度可按已批准的减缓比例缴纳年费。例如，一件已获准减缓专利费用的专利申请的授权当年为第3年度（即办理登记手续通知书中所指明的年度），则专利权人按批准的减缓比例可以减缓第三年度、第四年度及第五年度的年费，第六年度起应该按全额缴纳年费。专利权被终止后，申请人或专利权人请求恢复权利的，应提交恢复权利请求书，并缴纳费用。该项费用的缴纳期限是自当事人收到专利局发出的权利丧失通知之日起二个月内。未在规定的期限内缴纳或缴足的，其权利将不予恢复。2010年2月1日起施行的《专利审查指南》第五部分第九章第2.2.1.3条规定，凡因年费和或者或滞纳金缴纳逾期或者不足而造成专利权终止的，在恢复程序中，除补缴年费之外，还应当缴纳或者补足全额年费25%的滞纳金。

我国专利维持年费及其减缓标准如表4－7所示。

表 4－7　我国专利维持年费及其减缓标准　（元）

| 距离申请日的时间 | 专利维持年费 | 个人减缓 | 单位减缓 |
| --- | --- | --- | --- |
| 第 1～3 年 | 900 | 135 | 270 |
| 第 4～6 年 | 1 200 | 180 | 360 |
| 第 7～9 年 | 2 000 | 300 | 600 |
| 第 10～12 年 | 4 000 | 600 | 1 200 |
| 第 13～15 年 | 6 000 | 900 | 1 800 |
| 第 16～20 年 | 8 000 | 1 200 | 2 400 |

资料来源：http：//www. sipo. gov. cn/sipo2008/zlsqzn/sqq/zlfy/200905/t20090515_ 460473. html 2009－12－7.

从表 4－7 可以看出，我国专利维持年费制度有如下 5 个特点：一是专利维持年费起算时间点从申请日开始，但是缴费从授权日开始；二是专利维持年费数额在前 15 年中，每 3 年增加 1 个档次，最后 5 年为 1 个档次，且后 4 个档次相差的数额均为 2 000元人民币；三是对符合一定条件的专利减缓一定数量的费用，且个人减缓幅度是单位减缓幅度的一半；四是滞纳金制度，且滞纳金数额随拖欠时间的延长而增加；五是因专利维持年费缴纳逾期或者不足，造成专利权终止的，在满足一定条件时专利权可以恢复。

## 五、美日欧及我国专利维持年费制度比较

通过美日欧及我国专利维持年费制度的分析，可以看出各大专利局专利维持年费制度的相同点和不同点。就相同点而言，以下几点需要说明：一是各专利局制定的专利维持年费数额都随着距离申请时间或者授权时间的延长，依据不同

比例增加；二是各大专利局都规定了专利维持年费对小企业的减免制度，我国知识产权局还规定了对个人的减免制度；三是都规定了在规定时间不缴纳专利维持年费，并且没有超过一定期限（一般为6个月），缴纳专利维持年费时需要缴纳不同比例的滞纳金。就不同点而言，下列几点值得关注：一是美国专利商标局的专利维持年费仅在授权后第3.5年、第7.5年和第11.5年三个时间缴纳，既不同于欧洲专利局的每年缴纳且每年都有一定幅度增加（申请日后第10年后不再增加）模式，也不同于日本和我国每年都缴纳且每隔3年或者5年增加一定幅度的模式。本书认为，这种模式的缺陷是比较僵化，不够灵活。二是欧洲专利局专利维持年费的特点是每年都缴纳，且每年都有一定幅度的增加（申请日后第10年后不再增加）。这种模式相对灵活，专利权人可以随时选择不缴纳专利年费的方式，终止自己的专利。三是日本专利局的专利维持年费的优点是根据申请时间和审查时间划分不同的阶段，确定不同的维持年费数额。该模式确定专利维持年费是考虑了不同的情况，似乎更为科学。我国国家知识产权局的专利维持年费的特点是每年都缴纳且每3年（最后一个档次是5年）年费数额增加一个幅度的模式。该模式与日本和欧洲专利局的模式相比，灵活性不是很好，但是比美国专利商标局的模式灵活性高。

## 六、完善我国制度模式的建议

根据美日欧与我国专利维持年费的模式差异及我国实际情况，本书提出如下建议，以便完善我国专利维持年费制度。首先，根据消费者物价指数（CPI）的年度变化调整情况，调整专利维持年费数额以及每年的增加幅度。专利维持年费实质上是平衡专利权人维持专利的成本，平衡专利权人和公众的收益，而货币的实际价值是随着消费者物价指数（CPI）的变化而发生变化的。所以建议专利维持年费的数额应该根据专利权人的实际收益不断变化，只有这样，专利维持年费制度才能较为准确地调整专利权人和公众的利益平衡。其次，专利维持年费的数额随年份的增加而逐年增加，而不是每3年或每5年为一个幅度增加。随着专利技术的不断成熟，专利收益在一定时间区间中会不断增加，所以专利的收益可能也随之增加，但是规定增加幅度必须以3年或者5年为一个常数，似乎没有科学道理。再次，恢复专利申请维持费制度。虽然2010年1月9日新通过的我国《专利法实施细则》取消了缴纳专利申请维持费的规定，但本书认为，专利申请维持费制度是专利维持年费的重要组成部分。因为专利申请维持费制度对调动专利申请人在申请专利过程中的积极性具有促进作用，且在一定程度上弱化了少数专利申请人拖延战术的作用。虽然在程序上增加了繁琐程度，但总体而言，取消专利申请维持费制度弊大于利。另外，欧洲和日本的专利维持年费模式中都有专利申请维持费制度，而且发挥着重要作用。因此，本书建议，在下次修改《专利法实施细则》时可以考虑恢复专利申请维持费制度。

## 第三节　专利局财政制度对专利维持制度的影响

专利维持年费制度是专利制度的有机组成部分。如果专利维持年费制度受到专利制度之外的其他制度影响，那么原有效果将受到不同程度的弱化。这里主要从以下四方面探讨专利局自负盈亏的财政制度对专利维持年费制度的影响。

首先，专利局采用自负盈亏财政制度的国家在逐渐增多。专利维持年费制度是实现现代专利制度绩效的重要机制，即专利权人通过缴纳一定数量的专利维持年费，使得专利权人在获得专利收益的同时，付出一定的成本，且当维持专利成本大于收益时，权利人放弃专利，形成合理的专利维持时间，从而使得公众可以免费使用该专利技术，促进技术创新。但是，实践中专利维持年费制度有时被简单地用做支持专利局运转的一种财政工具，即专利局将专利权人缴纳的专利维持年费作为支撑专利局财政运行的一部分。更为严重的是，这种运用专利维持年费支撑专利局财政运行制度即专利局采用自负盈亏财政制度的做法被不少国家所效仿。专利局向专利申请人或者专利权人提供相关服务收取的费用至少要大于其花费的成本，在有些情况下，还要向政府提供一定上交经费。例如，在 1991 年英国专利局设立“营运基金”（a trading fund），即专利局必须自负盈亏。有时还必须向国库上交一定比例的资金。2000 年 4 月 1 日 ~2005 年 5 月 31 日，英国专利局上交国库的这种资金的比例达到 6%。[1] 与英国相似，加拿大知识产权局成为一个“创收机构”（revenue - generating agency），其经费很大比例来自于知识产权局收取的费用。[2] 在美国，专利商标局公司法案（Corporation Act 1995）将美国

[1] The Patent Office (UK), Annual report 2003: 22.

[2] CIPO. Intellectual Property-innovation on a Global Scale [R]. Annual Repot 2001 -02: 2.

专利局公司化，即要求专利局的收益要超过成本。

其次，采用自负盈亏财政制度的专利局具有希望更多的专利继续维持的动机。采用自负盈亏财政制度的专利局对专利申请者过于“友好”的工作态度，致使其授予一定数量的问题专利的现象受到越来越多的学者关注。[1][2] 如果自负盈亏的专利局寻求提高自己的财政收入，那么它可能不会设置有利于专利制度绩效最大化的专利维持费用机制，而是可能设置有利于鼓励更多专利权人维持其专利的维持年费机制，以便从中获得较多的福利。乔舒亚（Joshua）、史蒂芬（Stephen）和瑞安（Ryan）认为，要求专利局自负盈亏的行为会歪曲专利维持费用的结构，从而降低社会福利。因为降低专利维持年费而导致的专利维持数量的增加，从而增加专利权人的预期利润，这些利润可能被专利局通过提高最初的专利申请费用或者延长维持时间的年费所占用。专利维持年费机制的目标应该是鼓励更多的专利申请，适度降低专利的维持时间，从而有效发挥促进技术创新的作用。但是如果专利局被要求自负盈亏，资源特别是资金的限制可能会使专利局歪曲这种优化结构。尤其是财政限制、福利导向的专利局可能会提高初期的专利申请费，而降低专利维持费。这将阻碍一些专利申请，从而延长了其他一些专利维持时间，阻碍后续

---

❶ R. Merges. As Many as Six Impossible Patents before Breakfast: Property Right for Business Concepts and Patent System Reforms [J]. Berkeley Technology Law Journal, 1999, 14: 577-615.

❷ M. A. Lemley. Rational Ignorance at the Patent Office [J]. Northwestern University Law Review, 2001, 95 (4): 1495-1532.

发明创造，减弱社会福利，不利于技术创新和社会经济发展。❶

再次，专利局自负盈亏的财政制度会对专利制度绩效最大化的专利维持费用结构产生很大的压力。因为专利维持年费机制效用最大化的目标是合理设置专利维持费用数额和结构，区分对专利权人为了创造更多收益而需要维持的专利与对专利权人收益已经不是很大而需要放弃（进入公共领域，有益于社会公众进一步创新）的专利。但专利局自负盈亏的财政制度有可能被专利局利用为其谋取利益，从而歪曲合理的专利维持年费用结构，影响专利制度绩效。例如，当专利局的运行成本超过其收益并出现一定程度的财政困难时，自负盈亏的财政制度促使专利局对专利维持年费的数额和结构向有利于其产生更多收益的数额和结构方向调整。美国专利制度改革报告❷显示，美国专利商标局面临资源限制和大量专利堆积。在这种情况下，不仅有专利权人建议提高专利申请和维持费用，从而提高专利局的工作效率，而且专利局也要求调整专利维持年费数额及结构，改善其员工福利待遇，提高工作效率。这样做的最终结果是，专利局经费自负盈亏财政制度改变专利局已经设置的专利维持费结构，影响专利保护的社会公共利益，进而提高专利局的收入，且导致专利局收费结构的“扁平化”。这样会导致专利申请费较高，而授

❶ S. G. Joshua, P. K. Stephen, R. Lampe. Patent Renewal Fees and Self-Funding Patent Offices [J]. The B. E. Journals in Theoretical Economics, 2004, 4 (1): 1-16.

❷ Inventive Ideas. Reforming America's Patent System [R]. 6th November, 2003.

权后的专利维持费用较低，最后导致专利维持时间过长。在这种情况下，多数国家专利局存在的经费收入限制问题将导致专利维持费用制度对社会效益的次优设置。任何因为专利局自负盈亏的财政制度获得的“收益”将会被专利费用机构设置的不合理产生的社会成本所抵消。专利局自负盈亏的财政制度可以使得其可能会改变专利维持年费用的数量，从而改变专利维持年费的结构，或者直接优化专利申请初期的申请费和后来的维持年费相结合的结构，进而异化合理的专利维持时间，阻碍专利制度对促进技术创新的作用，降低社会福利。

最后，专利局自负盈亏财政制度可能会使专利局利用职权歪曲合理的专利维持费用制度，从而降低专利制度促进创新而带来的社会福利。尤其是专利局自负盈亏的财政制度已经不合理地延长了专利维持时间。由于较低的专利维持年费导致专利维持数量的增加，提升了发明人的预期收益，而这些收益却被专利局通过较高的专利申请费所吸收。专利局自负盈亏的财政制度导致专利维持费用的降低似乎是协调的，但当专利局因为自负盈亏制度导致经费紧张时，它能够做到的工作便是重新调整专利费用。通过降低专利维持费用、提高专利申请费用调整专利费用的做法歪曲原有的合理机制，降低技术创新对社会带来的整体福利水平。

综上所述，当专利局实行自负盈亏财政制度时，专利维持年费机制对专利制度的支撑作用可能会背离调整合理专利维持时间、提高专利制度绩效、促进技术创新的初衷。因此，促进专利制度绩效最大化的专利维持年费机制与很多国家专利局现行自负盈亏的财政制度是不符合的，需要改革。

## 第四节　优化专利维持年费制度的必要性及建议

专利维持费用支出潜在地平衡了专利维持成本和收益等相关方面的关系。调整专利维持年费数额和结构是优化专利维持状况、完善专利维持制度、提高专利制度绩效的有效措施之一。斯科奇姆认为，调整专利维持费用数额和结构是在现有专利制度的框架下，专利局通过调整专利维持成本协调专利保护效果的有效选择。[1] 科尔奈利和尚克曼认为，专利维持年费制度与特定时期的法律和经济制度及其现实条件的适应程度，将直接影响专利制度对技术创新和社会经济发展的促进作用。[2]

### 一、基于企业研发视角优化专利维持年费制度的必要性

从专利制度的目的来看，设置合理的专利维持年费制度是其促进技术创新的必然要求。其实，从不同类型的创新主体来看，优化专利维持年费制度，不仅有利于促进技术创新，而且有利于保护它们的合法利益。是否可以通过设置有效的专利维持年费用制度协调不同企业对专利的有效维持时间、提高专利制度运行绩效从而增进社会福利呢？这要从企业的研发状况与专利维持机制的关系进行分析。

首先，企业的研发效度和产出差异度要求对专利给予不

[1] S. Scotchmer. On the Optimality of the Patent Renewal System [J]. The Rand Journal of Economics, 1999, 30 (2): 181－196.

[2] F. Cornelli, M. Schankerman. Patent Renewals and R&D Inventive [J]. The Rand Journal of Economics, 1999, 30 (2): 197－213.

同的维持时间。对企业而言，专利维持时间的优化主要取决于研发效度（研发产生的产品质量的提高或者成本的降低）、不同企业研发产出率的差异度和专利权人利用研发产出潜在利润的能力等经济条件。这些特征在不同的行业中表现不同，即使相同行业的不同企业的研发产出也有不同。根据不同企业具有不同研发产出的现象，可以利用专利维持年费机制调整不同企业专利维持时间的长短，从而促进技术创新。其理由是，任何过度提倡增加专利维持时间的做法将为技术创新水平较低、替代技术出现周期短的发明提供过多的促进作用；无视专利维持时间过短的事实的行为对技术创新水平高、替代技术出现周期长的发明鼓励作用不足。对前者而言，社会需要付出更多的成本；而对于后者，则对发明不能给予充分的保护，阻碍技术创新，减少了社会福利。

其次，专利维持年费制度可以有效解决政府无法获得企业的研发信息的难题。政府可以根据企业的研发产出参数调节专利最佳的维持时间，从而促进技术创新。但是政府一般难以掌握企业的研发产出参数，不过，政府可以通过设置有效的专利维持年费制度来调整专利的维持时间。也就是说，政府设置专利维持年费制度调节专利申请人或者专利权人是否申请专利、申请什么类型的专利，或者是否维持专利、维持多长时间等。政府优化专利维持收费制度，企业综合专利维持费数额及其他因素做出是否维持专利、维持多长时间的决定。如果企业对其发明的营利性不能确定，即使在合理的专利维持费制度下，是否维持专利的决定也很难做出。但是，如果专利技术有较为明确的预期收益，专利维持年费制度将是一个较好的调节机制。

最后，企业性质的差异性和专利技术实施效果的不确定性需要通过专利维持年费制度来协调。企业的差异性和专利技术实施效果的不确定性在决定专利维持年费最优机制中非常重要。最优专利维持年费机制需要透明的研发过程和完整的信息做支撑。首先，政府制定专利维持年费结构在先，企业选择最优的专利维持时间在后；其次，企业优化专利维持费将取决于事后获得收益的随机过程。

综上所述，政府能够而且应该有效利用专利维持费机制，并将其作为一种战略手段，促进技术创新，为社会增加福利。具体而言，政府应该完善专利维持年费制度，调整专利维持时间的合理长度，促进社会福利最大化。或者说，通过优化专利维持年费结构优化不同专利的维持时间，促进技术创新。

## 二、优化专利维持年费制度的建议

专利维持费用的支出潜在地平衡了专利维持成本和收益的关系。调整专利维持年费数额和结构是优化专利维持状况、完善专利维持制度、提高专利制度绩效的有效措施之一。可见，专利维持年费机制是专利维持制度有效促进技术创新的关键环节。本书建议从以下方面完善专利维持年费机制。

### （一）重视专利维持年费机制在专利维持制度中的作用

完善专利维持年费机制、调整专利维持成本、影响专利维持时间，从而平衡专利权人和社会公共利益的分配，对实现现代专利制度的目的非常重要。根据本书作者收集的资料，现有研究成果中，关于专利维持年费机制的研究，国外研究较少，且仅限于个别学者；国内研究这一问题的学者更少。关于专利维持年费机制的实践，美日欧专利局及我国知识产权局所采用的模式区别较大，实施效果应该也存在较大不同，这种情况值得关注。因此，建议相关机构要从各自职权范围内重视专利维持年费机制在专利制度中的作用，为完善专利维持年费机制奠定基础。

**（二）深入研究专利维持年费机制的作用机理**

根据我国技术创新程度和社会经济发展的实际，检讨现有专利维持年费数额和结构的合理性，对完善专利维持年费机制非常重要。深入研究专利维持年费机制的作用机理，查清其发挥作用的条件和环境，准确利用专利维持年费机制，对提高专利制度运行绩效具有重要意义。其中理清专利维持年费的数额和机构的改变程度对专利维持时间的影响幅度以及专利维持时间对专利制度绩效的影响大小，是一个非常重要的问题。因此，建议学者深入研究不同国家或者地区的专利维持年费数额和结构的实施效果，并根据我国实际，完善其专利维持年费的数额和结构，优化其对专利制度的积极作用。

**（三）完善专利维持年费机制的运行环境**

专利局自负盈亏的财政制度和政府资助专利活动的制度在一定程度上影响了专利维持年费机制的正常运行。首先，专利局自负盈亏的财政制度削弱了专利维持年费机制作用。当专利局实行自负盈亏财政制度时，专利维持年费机制有可能诱导专利局利用专利维持年费机制为其谋取一定的利益。令人担忧的是，目前世界主要专利局多数采用自负盈亏的财政制度，为专利维持年费机制作用的正常发挥可能带来障碍。换句话说，专利局自负盈亏的财政制度可能会背离专利维持年费机制本来的调整合理专利维持时间、提高专利制度绩效、促进技术创新的初衷。其次，政府资助申请和维持专利的政策在一定程度上减弱了专利维持年费机制的作用。创新主体是否维持特定专利、维持多长时间，是其在专利维持年费机制的作用下，依据成本收益平衡原则做出的市场行为，本不该是政府的管辖范围。但是各国政府在特定的时间段，出于扶持某些特殊创新主体的需要，制定一些政府资助某些专利行为的政策是可以理解的，也是比较常见的。不过，制定这种政府资助政策时，一定要考虑其对专利维持年费机制的负面影响作用。所以建议决策者在制定专利局财政制度和政府资助专利活动时，特别注意其对专利维持年费机制的负面影响。

最后建议对于技术创新水平高、替代技术出现周期长的发明需要提供比法定保护期限时间更长的保护期，同时，设定随着维持时间的延长专利维持费数额比现有维持费数额大幅提高的制度。

## 第五节　本章小结

专利维持年费是指专利权人为了维持专利继续有效而依据专利法的规定向专利行政机构缴纳的费用。专利维持年费制度是指通过要求专利权人缴纳专利维持年费，适度增加专利维持成本，从而影响专利维持时间，平衡专利权人和社会公众利益的制度。它是专利维持制度的必要组成部分。不同国家或者地区专利维持年费制度的特点既有相似点，又有不同点。美国专利商标局、欧洲专利局、日本专利局和我国国家知识产权局的专利维持制度中基本都有对小企业的减免制度、滞纳金制度以及专利维持年费数额随着距离申请时间或者授权时间的延长而增加的趋势。区别主要体现在：美国专利商标局的专利维持年费制度相对僵化，不够灵活；欧洲专利局专利维持年费制度模式相对比较灵活；日本专利局的专利维持年费制度模式似乎更为科学；我国国家知识产权局的专利维持年费制度模式与日本和欧洲专利局的模式相比，虽不够灵活，但是比美国专利商标局的模式灵活性高。虽然影响各专利局专利维持年费制度的因素较多，但实行自负盈亏财政制度的专利局专利维持年费机制对专利制度的支撑作用可能会背离调整合理专利维持时间、提高专利制度绩效、促进技术创新的初衷，值得关注。因此，学者和相关机构应该在重视专利维持年费制度在专利维持制度中的地位、专利维持年费制度运行机制和影响专利维持年费制度的因素特别是专利局的财政制度方面采取积极措施，以提高专利维持年费制度的作用，从而进一步完善专利维持制度。

# 第五章　我国专利维持总体实证研究

专利维持状况是专利维持制度运行绩效的外在表现。我国专利维持状况在很大程度上反映了专利维持制度的运行情况。截至2010年12月31日，我国国家知识产权局受理的专利申请总量为7 037 574件，其中发明2 325 012件，占33.0%；实用新型2 414 324件，占34.3%；外观设计2 298 238件，占32.7%。[1] 同一时间点，我国国家知识产权局的专利授权总量为3 897 359件，其中发明专利721 753件，占18.5%；实用新型专利1 713 106件，占44.0%；外观设计专利1 462 500件，占37.5%。[2] 同一时间点，我国有效专利共计2 216 082件，其中，有效发明专利564 760件，占25.5%；有效实用新型专利857 968件，占38.7%；有效外观设计专利793 354件，占35.8%。[3] 按照世界知识产权组织发布相关数据初步推算，我国有效专利数量占全球有效专利数量的2%～2.5%，而同期我国经济总量占世界经济总

---

[1] 国家知识产权局网站"统计信息"栏目中"国内外三种专利受理状况总累计表"［DB/OL］. http：//www. sipo. gov. cn/sipo2008/ghfzs/zltj/zljb/201101/t20110110_ 562647. html 2011－3－28.

[2] 国家知识产权局网站"统计信息"栏目中"国内外三种专利授权状况总累计表"［DB/OL］. http：//www. sipo. gov. cn/sipo2008/ghfzs/zltj/gnwszzlsqzk-zljb/201101/t20110110_ 562654. html 2011－3－28.

[3] 国家知识产权局规划发展司. 2010年中国有效专利年度报告（一）［R］. 专利统计简报，2011，105（6）：1－28.

量的7%左右。可见，我国的专利维持状况与我国经济发展现状存在一定差距。拥有一定数量和质量的专利是衡量一个国家是否进入创新型国家行列的重要标志之一。❶但就技术创新而言，专利质量比专利数量更重要，因为后者更能反映企业、地区乃至国家的核心竞争力。在我国专利申请量和授权量大幅增长的背景下，对专利维持制度进行实证研究，不仅有利于了解我国专利质量的现状、认清我国与其他国家特别是与发达国家在专利竞争力方面的差距，而且有利于完善我国专利维持制度、提高专利制度运行绩效。因此，本书第五章和第六章在第二章、第三章和第四章对研究专利维持制度以及与其紧密相关的专利维持时间和专利维持年费制度的基础上，对我国专利的维持时间及其相关情况进行实证研究，尝试将专利维持制度研究与我国实际情况相结合，并找出我国专利维持实践中存在的问题，同时提出相应的对策，为提高技术创新主体创新能力、实施我国国家知识产权战略、建设创新型国家提供参考。

## 第一节　数据收集统计和变量设计

本书采用社会统计分析方法SPSS软件，对我国国家知识产权局1994年全年授权的3 838件专利❷中，因未交专利费而被终止的3 104件（截至2009年5月31日）进行分析，

---

❶ J. M. Hartwick. Patent Race Optimal with Respect to Entry [J]. International Journal of Industrial Organization, 1991 (9): 197－207.

❷ 仅指发明专利，不包括实用新型和外观设计专利。

主要考查它们平均维持时间以及在授权后第1~3年、第4~6年、第7~9年、第10~12年和第13~15年[1]五个时间段被终止专利的比例和特征，以及其中不同创新主体类型（工矿企业、科研院所、个人和机关团体）、不同技术领域、国内申请人获得授权的专利（简称“国内专利”）和国外申请人获得授权的专利（简称“国外专利”）维持情况。

## 一、数据收集

登录中国知识产权网（CNIPR）网站的专利检索窗口，进入中外专利数据库服务平台，检索公告日在1994年期间的授权专利目录（共有专利3 838条）。因为该数据库中不支持权利要求数目指标查询，所以根据该发明授权专利目录到中国专利信息中心网站的中国专利文摘数据库中查询有关指标。另外在国家知识产权局网站的法律状态查询窗口检索有关专利的法律状态。通过对1994年授权的专利相关数据（截至2009年5月31日）进行逐条统计，形成《1994年我国国家知识产权局授权专利相关信息数据库》，作为本书数据分析的依据。或许读者会觉得选择1994年的数据比较陈旧，甚至过时，代表性不强。本书认为，对国家知识产权局授权专利因未缴年费而被终止的问题研究，选择1994年的数据比较恰当。如果选择时间靠后，优点是数据新，缺点是时间太短，不能较好地反映专利维持时间的发展趋势；如果选择时间太

[1] 授权后第15年的数据仅截至2009年5月31日，所以第5个阶段实际上只有接近两年半的数据，而不是3年的数据，因此本书中的第5个阶段的数据误差较大。

靠前，优点是充分显示专利维持时间的发展趋势，缺点是数据陈旧。另外，选择 1994 年，恰好可以显示五个时间段[1]的专利维持情况，即到 2009 年的数据正好说明专利授权后的第 1~3 年、第 4~6 年、第 7~9 年、第 10~12 年和第 13~15 年的维持情况。

## 二、数据统计方法

世界知识产权组织（WIPO）发布的专利年度报告和国家知识产权局规划发展司发布的《专利统计简报》对有效专利的统计方法都是基于当前某一时间点，统计在这一时间点上维持的专利数量。这一方法对研究专利维持状况的优点是数据容易获取，不足是计算结果很难反映专利的实际水平。比如《专利统计简报》和《中国有效专利年度报告》中所述的我国有效专利数量较高，之所以有如此之多的有效专利，是因为近年来我国专利授权量和授权率都有较大幅度提高，而该方法对专利的维持状况不能很好地表述，也很难有效衡量专利的质量。为此，我们采用与该方法不同的数据统计方法，尽量避免这种不足，即以过去某一时间段（如一年）为基点，统计这一时间段授权的专利到目前某一时间点时的维持状况。用这种数据统计方法研究专利的维持状况优点是比较客观，理由是所统计的专利是在同一时间段获得授权，研究它们的维持状况具有较好的可比性。该方法的缺点是数据需要逐项统计，工作量很大。

---

[1] 我国专利收费标准规定，专利年费收缴数量每 3 年增加一个基数，所以本书以授权后每 3 年作为考查专利被终止数的一个时间段。

## 三、变量设计

为了在现有数据库条件下最大限度地反映影响因变量专利维持时间的因素，本书选择以下自变量：（1）权利要求数。权利要求分为独立权利要求和从属权利要求。权利要求数目及其内容是对专利权利范围的限定，也是确定是否侵权的依据所在。现有数据库中没有区分独立权利要求数和从属权利要求数，[1] 所以本书统计中的权利要求数是独立权利要求数和从属权利要求数总和。（2）发明人的数量。发明人的数量反映了完成一项发明的发明人员之间的合作情况。一般而言，技术复杂的发明需要更多的发明人合作发明，技术简单的发明需要的发明人较少，但是也有例外。（3）权利人类型。为研究方便，本书将权利人的类型划分为工矿企业、科研院所、个人和机关团体四类。工矿企业包括各类国有工矿企业、民营工矿企业和合资工矿企业等。科研院所包括各类高等院校和研究机构，机关团体指国家机关等。当权利主体是不同类型的权利人时，按照第一权利人的类型统计。例如工矿企业和机关团体是一件专利的共同权利人，且工矿企业是第一权利人时，便以工矿企业统计。（4）权利人的国别。权利人区分为国内权利人（本国居民）和国外权利人（非本国居民）。当权利人包括国内权利人和国外权利人时，按照第一权利人的国别统计。（5）从申请到授权所需的时间，即专

[1] 依据本书作者掌握的资料，国内外关于权利要求数的统计研究中，也没有发现区分独立权利要求数和从属权利要求数的相关资料；但事实上，对专利权保护的范围而言，独立权利要求数更为重要，因为从属权利要求约束的保护范围一般应该属于独立权利要求之内。

利从申请日到授权日所需的时间。本时间以“年”为统计单位，当然如果以“月”为统计单位，则更为准确，但是需要更多的统计工作来完成。（6）根据《国际专利分类斯特拉斯堡协定》（简称 IPC），专利国际分类表将技术领域划分为 A、B、C、D、E、F、G、H 八大类：A 代表“生活需要”类；B 代表“作业、运输”类；C 代表“化学、冶金”类；D 代表“纺织、造纸”类；E 代表“固定建筑物”类；F 代表“机械工程、照明、加热、武器、爆破”类；G 代表“物理”类；H 代表“电学”类。需要说明的是，在研究我国国家知识产权局授权的专利维持时间时，一个重要变量即专利的引证指数（前引和后引）❶ 无法在现有数据库中获取，为本书变量设计带来了难度。

## 第二节 我国专利维持时间基本情况分析

人们之所以花费大量精力和经费申请并维持专利，最主要的原因是因为专利是一种重要的无形财产。国家拥有的有效专利数量和质量则标志着国家创新能力的高低和科技发展潜力的大小。申请人获得专利授权只是取得使用专利权的资格，对专利权的有效维持才是其真正发挥作用的开始。所以专利权人的目的是通过维持来实现价值，而不在于申请或者

❶ 在美国、欧盟和日本三大专利局授权专利的数据库中该变量均可获取。本书第三章的研究证明，专利引证指数是评价专利质量的重要指标之一，也是影响专利维持时间的重要因素之一。但是我国国家知识产权局授权专利的信息中却缺少了这样一个极为重要的指标，这为研究我国专利质量和维持时间带来了很大难度。

获得专利授权。

## 一、我国国家知识产权局授权专利的法律状态

法律状态是指一件专利或者专利申请在检索当日或日前所处的状态，主要包括专利权有效、（有效期）届满、专利申请尚未授权、专利申请撤回、专利申请被驳回、专利权终止、专利权无效和专利权转移。专利权有效是指被检索的专利已经授权，并且至检索日之后的下一个缴费日前专利权是有效的；专利权有效期届满是指被检索的专利已经授权，但至检索当日或者日前专利权有效期已超过专利法规定的期限（包括超过拓展的期限）；专利申请尚未授权是指被检索的专利申请尚未公布，或者已公布但尚未授予专利权；专利申请撤回是指被检索的专利申请被申请人主动撤回或者被专利审批机构判定视为撤回；专利申请被驳回是指被检索的专利申请被专利审批机构驳回；专利权终止是指被检索的专利虽已获得授权，但由于未交专利费而在专利权有效期尚未届满时提前失效；专利权无效是指被检索的专利曾获得授权，但由于无效宣告理由成立，专利权被专利审批机构判定为无效；专利权转移是指被检索的专利或者专利申请发生专利权人或者专利申请人的变更。[1] 本书研究对象仅为授权专利，所以不研究专利申请的尚未授权、撤回和被驳回等法律状态。

以《1994 年我国国家知识产权局授权专利相关信息数据库》为依据，采用 SPSS 软件对 1994 年授权的 3 838件专利的法律状态进行分析。得出如下结果：截至 2009 年 5 月 31 日

[1] 李建蓉. 专利信息与利用［M］. 知识产权出版社，2006：120.

继续有效的专利 601 件，占授权专利总数的 15.7%；届满 123 件，占授权专利的 3.2%；视为放弃、撤销和无效的专利共 10 件，占授权专利的 0.3%。因为未缴年费而被终止专利权的专利 3104 件，占授权专利总数的 80.8%。具体情况如图 5－1 所示。

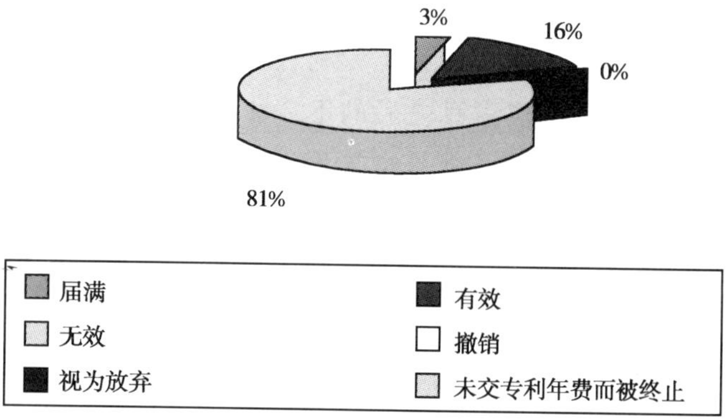


**图 5－1　1994 年授权的 3 838 专利法律状态情况**

被终止专利的平均维持时间为 5.54 年，标准方差为 3.687。

## 二、因未缴年费被终止专利数量随维持时间变化*

1994 年授权的专利中，除继续有效和届满的专利外，其余部分便是被终止、（视为）放弃、撤销和无效的专利。其中数量最多的属于因为未交专利维持年费而被终止的专利，所以本部分主要研究因未缴年费而被终止专利权的专利数量

* 本部分相关内容发表于《管理世界》第 2009 年第 1 期，第 174～175 页。

随维持时间变化的具体情况（图5－2）。

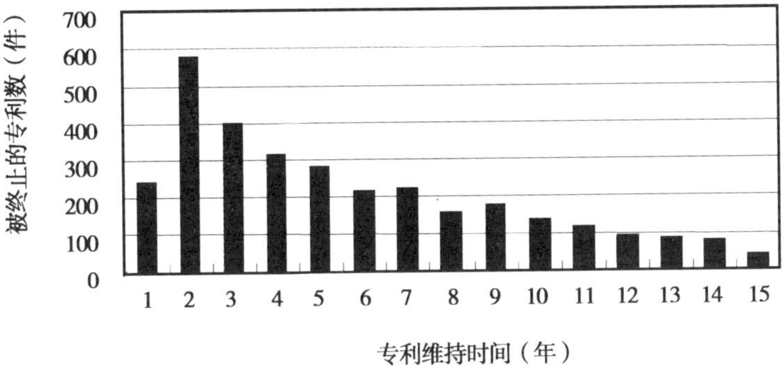


**图5－2　因未交年费被终止专利权的专利数量变化情况**

注：截至2009年5月31日。

由图5－2可知，授权后第2年是因未缴专利年费而被终止的专利数量最多（578件，占总数的15.1%）的一年。从第2年后，专利被终止数量整体呈下降趋势，但是授权后第9年（2003年）与第8年（2002年）相比，被终止的专利数量略有回升。其主要原因可能是，我国加入世界贸易组织后，为履行TRIPs协议第70条的规定，国家知识产权局颁布了第80号公告，规定1992年12月31日前向原中国专利局提出申请、到2001年12月11日仍然有效的专利权，其专利有效期由申请日起15年延长为自申请日起20年，从而使得2002年被终止的专利数量减少。

上述数据和图表说明，1994年国家知识产权局授权专利的平均维持时间短，被终止速度快；仅从专利维持时间角度看，专利质量较低。那么是什么原因使得我国专利维持时间如此之短呢？从合理性的角度来看，在专利法定保护期内，专利权人为了保持基于专利产生的经济收益，会积极维持其专利。现有专利维持研究的缺陷是，很少分析影响专利维持决定策略以及重要影响因素。例如，现有研究较少关注专利是否被商业化、创新是否走向市场、哪些要素对专利维持决定影响更为重要等。维持专利可以作为企业战略的重要组成部分，如作为防御专利。它们可以威慑竞争对手运用该发明或者将其作为影子专利（shadow patents），从而保护其他相关专利。

关于影响专利维持时间的因素问题，本书第三章第四节研究认为，专利维持时间受专利制度、专利技术本身、技术交易制度、专利管理水平、政府资助政策、企业专利战略、创新主体规模和授权专利的专利局的差异等因素的影响。下面就此问题，结合我国实际，进行补充分析：（1）专利制度中其他制度对专利维持时间的影响。首先，我国专利法授权标准在 2009 年 9 月 30 日之前实行的是相对新颖性标准，2009 年 10 月 1 日之后实施绝对新颖性标准，所以本书统计的专利是以相对新颖性标准授权的。相对新颖性标准适用在一定程度上降低了专利维持时间。其次，我国专利法有关侵权认定方式和侵权赔偿数额的确定方式，在 2009 年 10 月 1 日实施的新专利法都有不同程度的完善。此前这方面的缺陷也可能是造成我国专利维持时间的因素之一。另外，我国专利授权标准中创造性标准等专利维持时间肯定存在影响，但是如何影响需要进一步深入研究。（2）专利技术及相关信息对专利维持时间的影响。首先是技术的专利信息（权利人国籍、权利人类型和技术领域）等对专利维持时间影响（本书第五章第三节专门详细分析）。其次是专利技术的市场前景和商业化水平对专利维持时间的影响。我国专利权人的专利战略意识、技术市场的不完善使得权利人对专利技术的市场化前景判断存在很大的不确定性。这在一定程度上影响了我国专利的维持时间。(3) 专利技术交易制度对专利维持时间的影响。客观地说,我国专利技术交易市场的不完善,使得专利技术的转让和许可效率较低,从而降低了其对专利权人预期收益,进而不同程度地缩短了专利维持时间。(4) 专利管理水平和专利战略对专利维持时间的影响。不可否认的是,我国专利权人专利意识薄弱,专利管理制度不健全,专利管理人员缺乏导致专利管理水平低下,缺乏必要的专利战略,对专利维持的意义认识不够。这在很大程度上减弱了权利人的专利收益,也在一定程度上缩短了专利维持时间。(5) 政府资助专利费用政策对专利维持时间的影响。因为中小企业和个人对专利技术实施条件与大企业相比,存在较多缺陷,所以政府对中小企业和个人在专利申请和维持甚至实施过程中给予一定资助是合理的,且有利于整个社会的技术创新。其实,不少国家都有类似的资助政策。但如果这种资助数额和方式的不当,会造成很大的资源浪费,甚至产生大量问题专利。这个问题已经在我国成为事实。这一事实也严重影响了我国专利维持时间。

值得一提的是,专利授权后的"学习效应"。专利授权后的"学习效应"是专利维持过程中的重要特征。研究显示,专利授权后"学习效应"明显,且很多"学习效应"在专利授权后四五年完成。[1][2] 假设企业在申请专利时对基于其专利技术获得的收益大

[1] A. Pakes. Patents as options: some estimates of the value of holding European patent stocks [J]. Econometrica, 1986, 54: 755-784.

[2] J. Lanjouw. Patent Protection in the Shadow of Infringement: Simulation Estimations of Patent Value [D]. Mimeograph, Department of Economics, Yale University, 1993.

小了解较为全面，或者说，在专利获得授权时不存在额外的不确定性问题，那么企业对维持专利的决定将更加准确。但现实中的企业往往对其发明的价值信息掌握不是很全面，特别是在专利授权初期专利权人只知道专利收益的初期分布。因此，我国授权专利在授权后第二年大幅度被终止的原因除了前述分析外，还应该考虑“学习效应”的因素。

客观地说，不管是对个体利益，还是对社会公共利益，专利维持时间并不是越长越好。现实中，有些专利应该放弃，比如因为该领域技术发展很快，已经有了新的替代技术，维持该专利已经没有意义；又比如作为威慑竞争对手而存在的专利，因为竞争对手被本企业合并或者其他原因使得竞争对手不存在时，即可放弃该专利。有些专利经过本单位专利管理部门认真分析后，认为维持专利的成本已经超过专利可能带来的收益时，即可放弃专利。所以在适当的条件下放弃专利，对单位而言并不一定是坏事，对社会公众更是好事。当然，这种情况很少属于目前授权专利大幅度被终止的主要原因。

上述因素是通过影响专利价值影响专利维持时间的。前面已经论述了专利维持与专利质量的关系，所以通过考察影响专利质量的因素研究影响专利维持时间因素也是一个重要途径。

## 三、中美不同时间段因未缴年费而被终止的专利相关定距变量比较*

以《1994 年我国国家知识产权局授权专利相关信息数据

---

* 本部分主要内容发表于《优秀专利调查研究报告集Ⅵ（六）》，知识产权出版社 2010 版，第 291～311 页。

库》为依据，采用 SPSS 软件对 1994 年授权的 3 838件专利，按照授权后每三年为一个阶段进行分别考察。表 5 - 1 反映了我国国家知识产权局 1994 年授权专利（截至 2009 年 5 月 31 日）的相关定距变量为权利要求数、从授权到被终止所需时间、发明人数和因未交专利年费而被终止的专利数。表 5 - 2 是美国学者穆尔（Kimberly A. Moore）统计的美国专利商标局 1991 年授权专利（截至 2003 年）的相关定距变量变化情况。[1] 下面将二者进行简单比较。

从表 5 - 1 可以看出，我国国家知识产权局授权的专利在不同时间段存在下列特点：（1）权利要求数均值除第五阶段外，呈现上升趋势；（2）发明人数均值呈现波浪式小幅波动；（3）从申请到授权所需时间存在小幅震荡。

**表 5 - 1　我国知识产权局授权专利在不同时间段的相关定距变量变化**

| 维持时间（年） | 权利要求数均值（个） | 发明人数均值（个） | 从申请到授权所需时间均值（年） | 被终止专利数（件） | 百分比（%） | 累计百分比（%） |
|---|---|---|---|---|---|---|
| 1 ~ 3 | 6.72 | 2.69 | 3.89 | 1 217 | 39.2 | 39.2 |
| 4 ~ 6 | 8.33 | 2.43 | 3.92 | 810 | 26.1 | 65.3 |
| 7 ~ 9 | 9.14 | 2.67 | 3.94 | 547 | 17.1 | 82.4 |
| 10 ~ 12 | 9.74 | 2.48 | 3.79 | 335 | 10.8 | 93.2 |
| 13 ~ 15 | 8.10 | 2.57 | 3.83 | 195 | 6.8 | 100 |

从表 5 - 2 可以看出，美国专利商标局授权的专利在不同时间段存在下列特点：权利要求数均值、发明人数均值呈现上升趋势和从申请到授权所需时间均呈现上升趋势。

[1] K. Moore. Worthless patents [J]. Berkeley Technology Law Journal, 2005, 20 (4): 1521 - 1552.

表 5-2 美国专利商标局授权专利在不同时间相关定距变量变化

| 维持时间（年） | 权利要求数均值（个） | 发明人数均值（个） | 从申请到授权所需时间均值（年） | 被终止专利数（件） | 百分比（%） | 累计百分比（%） |
|---|---|---|---|---|---|---|
| 1~4* | 11.44 | 1.82 | 2.10 | 15 514 | 29.9 | 29.9 |
| 5~8 | 11.95 | 1.99 | 2.13 | 20 340 | 39.2 | 69.1 |
| 9~12 | 12.63 | 2.07 | 2.18 | 16 095 | 30.9 | 100 |

注：该数据为截至 2003 年美国专利商标局 1991 年授权专利的相关数据。

* 与我国自申请日起每 3 年缴纳增加一个基数且每年都有缴纳专利维持年费不同，美国专利年费缴纳以授权后每 4 年增加一个基数，且不是每年缴纳，而是只有三次缴纳机会。

### （一）中美被终止专利的维持时间比较

如表 5-1 所示，我国国家知识产权局授权的专利，在授权后因未缴年费而被终止的数量呈明显下降趋势，其中在授权后第 1~3 年、第 4~6 年、第 7~9 年、第 10~12 年和第 13~15 年内被终止专利权的专利数分别占总被终止专利数的 39.2%、26.1%、17.1%、10.8% 和 6.8%。

与我国国家知识产权局授权专利因未缴专利年费而被终止的数量的变化趋势不同，美国专利商标局授权的专利因未缴年费而被终止的数量呈先增加而后降低的趋势（见表 5-2），其中授权后第 1~4 年被终止的专利数只占 29.9%，比我国授权后第 1~3 年内被终止的专利数占 41.8% 低许多。可见，我国国家知识产权局授权专利的维持时间明显少于美国专利商标局授权的专利。

### （二）中美被终止专利的权利要求数均值比较

对比我国国家知识产权局授权专利和美国专利商标局授权专利在不同时间段因未缴专利年费而被终止情况的权利要

求数变化情况（图 5-3）可知，首先，美国被终止的每件专利的权利要求数均值在 12 项左右，而我国被终止的每件专利的权利要求数均值不足 9.5 项。其次，在专利授权后第 1~12 年中，美国专利商标局授权专利中被终止的每件专利的权利要求数均值呈现上升趋势；而我国国家知识产权局授权的专利，在其授权后第 1~12 年中呈现上升趋势，但是在授权后第 13~15 年中被终止的专利权利要求数均值呈现下降趋势。最后，在授权后第 1~12 年中，随维持时间的延长，我国国家知识产权局授权的被终止专利的权利要求数均值增加幅度明显高于美国专利商标局授权专利中被终止专利的权利要求数均值增加幅度。

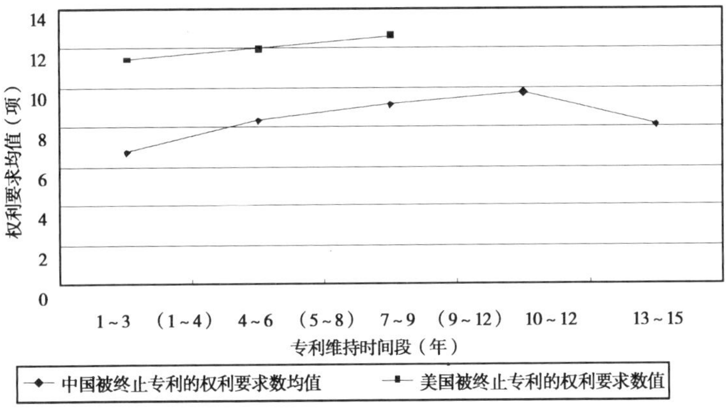


**图 5-3　中美被终止专利权利要求数变化比较**

权利要求是专利权人主张的专利所应当受到保护的权利范围。其作用主要表现在以下方面：（1）表达申请人请求保护的主观意愿，界定发明的内容；（2）界定专利权保护的边界，即判定是否侵权的主要依据；（3）向社会公示专利权利的范围。[1] 权利要求包括独立权利要求和从属权利要求。独立权利要求应当从整体上反映发明或者实用新型的技术方案，记载解决其技术问题的必要技术特征。从属权利要求应当用附加的技术特征，对引用的权利要求做进一步限定。在一件申请中，独立权利要求所限定的一项专利的保护范围最宽。如果一项权利要求包含了另一项同类型权利要求中的所有的技术特征，且对另一项权利要求的技术方案做了进一步的限定，则该权利要求为从属权利要求。由于从属权利要求用附加的技术特征对所引用的权利要求做了进一步的限定，所以其保护的范围落在其所引用的权利要求的保护范围之内。专利包含的权利要求超过一定的数量，申请专利的成本就会增加（权利要求数超过 10 项需要额外收费），同时因为增加审查内容而延长从申请到授权所需的时间。一项专利申请包含的独立权利要求越多，就意味着其遭受侵权的可能性越大，判定该专利全部无效的可能性则越小，所以对潜在侵权者的威胁也就越大。从这个角度看，在其他条件相同的情况下，一项专利包含的权利要求数越多，专利权人从中获得的收益就会越多，维持的时间就越长，专利质量也就越高。另有学者认为，专利申请的权利要求数能够较好地反映国家技术创新能力。[2] 这也在一定程度上佐证了前述观点。

因此，我国国家知识产权局和美国专利商标局授权的（发明）专利的权利要求数均值比较（图 5－3）说明，就权

---

[1] 董涛. 专利权利要求［M］. 法律出版社，2006，43－47.

[2] M. Reitzig. What determines patent value? Insights from the semiconductor industry［J］. Research Policy，2003 32（1）：13－26.

利要求数或者技术创新能力的角度而言，我国国家知识产权局授权的专利质量明显低于美国专利商标局授权的专利质量。

### （三）中美被终止专利从申请到授权所需时间均值比较

从美国专利商标局授权专利和我国国家知识产权局授权专利维持时间随着从申请到授权所需时间均值比较情况（图5－4）可以得出如下结论：首先，中美两国知识产权行政机构授权专利的审查时间明显存在差异，或者说，美国专利商标局专利审查效率（从申请到授权平均时间为2.15年左右）明显高于我国知识产权局专利审查效率（从申请到授权平均时间为3.85年左右）。其次，中美两国被终止专利随维持时间的延长，被终止专利从申请到授权所需时间的发展趋势有所不同。美国被终止专利，在授权后第1～12年期间，从申请到授权所需时间呈现上升趋势；我国被终止专利，在授权后第1～9年呈现上升趋势，随后出现下降趋势。

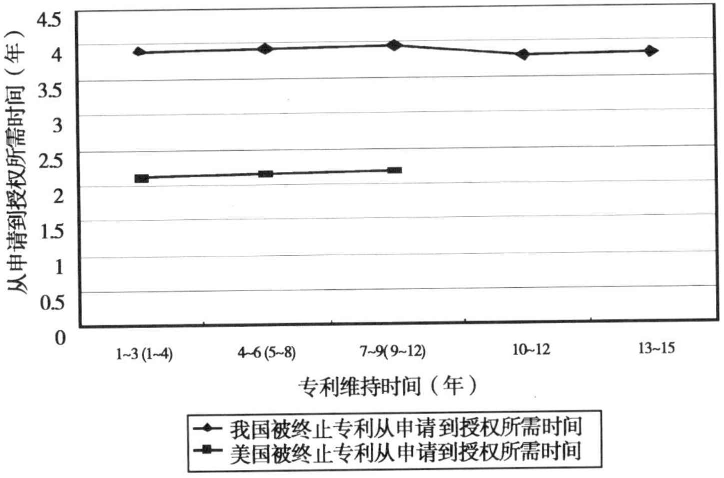


图5－4　中美被终止专利从申请到授权所需时间变化比较

在我国，一项授权专利必须经过申请、形式审查、公开、实质审查和授权几个阶段。不同专利之所以从申请到授权所需时间不同，主要原因是实质审查阶段所需要的时间不同。一般而言，实质审查所需时间越长，从申请到授权所需时间也越长（暂不考虑提前公开）。从专利审查实践来看，实质审查所需时间长的原因除了专利审查员工作效率的问题外，主要有两个方面：一是专利申请中权利要求书和说明书内容较多，涉及技术较为复杂，审查员审查需要花费较多的时间；二是专利申请不符合审查要求，需要反复修改，所以花费较多的时间。从申请到授权所需时间的多少不仅影响申请人的成本、考验申请人的耐心，而且反映了申请人对专利的收益的预期。

通常情况下，申请人对专利收益的预期越大，即专利的质量越高，对从申请到授权所需时间的忍耐力就越大，否则就会中途放弃。在专利申请实践中，有很多这样的例子。从图 5－4 反映的专利维持时间随着从申请到授权所需时间的增加而增加的现象同样验证了上述分析。

**（四）中美被终止专利的发明人数均值比较**

从中美两国行政机构授权专利的发明人数均值比较情况（图 5－5）可得出两点结论：一是美国专利的发明人数均值明显低于我国专利的发明人数均值；二是美国专利商标局授权专利的维持时间随发明人数的增加而增加，而我国国家知识产权局授权专利维持时间与发明人数的多少关系不明显。

一项专利的发明人越多，专利的维持时间是否一定越长，或者专利质量是否一定就高呢？图 5－5 说明美国专利商标局授权专利的维持时间和发明人数呈现正相关，也说明我国国家知识产权局授权专利的维持时间和发明人数关系不明显。不过在统计数据的过程中，我们发现我国国家知识产权局授权的国内专利的发明人数有异常情况例如有些专利，技术很简单，权利要求只有1项，说明书也很简单，但是发明人却有八九位。这与国外申请人在我国国家知识产权局申请的专利情况截然相反。产生这种现象的原因也许是我国发明人的知识产权意识不强、对发明人的意义认识不够所致。这一现象或许能够说明图5－5所反映的专利维持时间与发明人数均值之间关系不明显的原因。

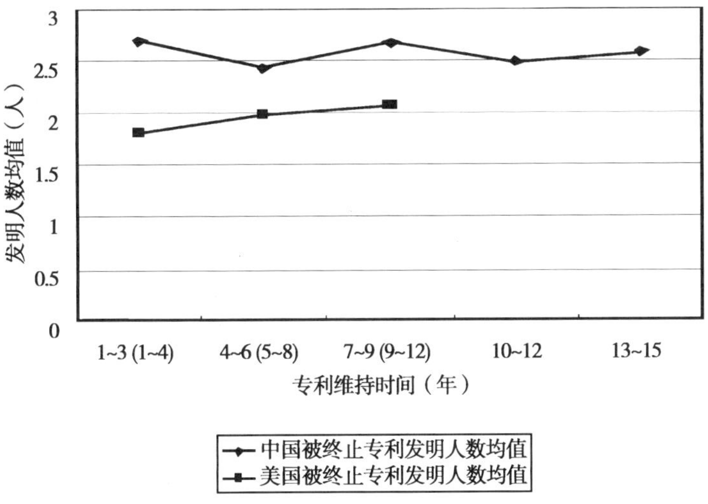


**图5－5　中美专利发明人数均值比较**

不过，本书认为，一项发明创造的创新程度与发明人的多少关系不大。我国《专利审查指南》规定一项发明创造要想获得专利授权，必须满足单一性要求。满足单一性要求的发明创造一般只需要一个发明创意或者灵感。发明人是对发明创造做过实质性贡献的人，这里的实质性贡献应该是指对发明创意或者灵感的贡献。所以发明人数多并不一定专利维持时间就长，或者专利质量就高。

综上，可以得出如下结论，即与美国专利商标局授权的被终止的专利相比，我国知识产权局授权的被终止的专利质量较低，审查周期较长和需要的发明人力资源较多。

## 第三节　基于专利信息的专利维持时间影响因素分析*

正如本书第三章第四节所述，影响专利维持时间的因素很多，但是很难对这些因素进行定量研究。为了对影响专利维持时间因素进行实证研究，本书根据实际情况和可行性原则，选择了从专利信息角度对影响专利维持时间的因素进行线性回归分析。运用社会统计分析方法 SPSS 软件，通过对国家知识产权局 1994 年全年授权的 3 838件专利因未交专利费而被终止专利的有关数据进行多元线性回归分析，以期达到了解专利相关信息影响专利维持时间因素的权重的目的。

### 一、专利维持时间影响因素回归结果

以《1994 年我国国家知识产权局授权专利相关信息数据库》为依据，以未缴专利年费而被终止的专利维持时间（Y）为因变量，以权利要求数、从申请到授权所需时间、发明人数、权利人国别、个人和工矿企业（个人和工矿企

---

* 本部分主要内容发表于《图书情报工作》2009 年第 4 期，第 42 ~45 页。

业为以科研院所参照的虚拟变量）为自变量，运用 SPSS 软件进行多元线性回归，回归结果如表 5－3、表 5－4 和表 5－5 所示。

**表 5－3　整体模型情况**

| 决定系数 $R$ | 决定系数 $R^2$ | 调整后的 $R^2$ | 估计标准误差 |
|---|---|---|---|
| 0.347（a） | 0.121 | 0.119 | 2.972 |

注：预测值为常数、权利要求数、从申请到获得授权所需时间、发明人数量、申请人国别、企业和个人。

**表 5－4　方差分析**

| | 方差和 | 自由度 | 均方差 | $F$ 检验值 | 显著性水平 |
|---|---|---|---|---|---|
| 回归 | 3 508.914 | 6 | 584.819 | 66.402 | 0（a） |
| 残差 | 25 727.855 | 2912 | 8.835 | — | — |
| 总和 | 29 236.769 | 2918 | — | — | — |

注：预测值为常数、权利要求数、从申请到获得授权所需时间、发明人数量、申请人国别、企业和个人。

**表 5－5　系数**

| | 非标准化系数 | | 标准化系数 | $T$ 检验值 | 显著性水平 |
|---|---|---|---|---|---|
| | | $B$ | 标准误 | Beta | |
| 常数 | 4.369 | 0.207 | | 21.133 | 0 |
| 权利要求数 | 0.004 | 0.008 | 0.009 | 0.450 | 0.653 |
| 从申请到获得授权所需时间 | -0.271 | 0.039 | -0.128 | -6.931 | 0 |
| 申请人的国别 | 1.990 | 0.165 | 0.314 | 12.033 | 0 |
| 发明人数量 | 0.053 | 0.028 | 0.035 | 1.867 | 0.062 |
| 企业 | 0.734 | 0.173 | 0.116 | 4.245 | 0 |
| 个人 | 0.864 | 0.173 | 0.113 | 5.000 | 0 |

注：因变量为因为未交专利维持费而被终止的年限。

将权利要求数、从申请到授权所需时间、权利人的国别、发明人数、个人和工矿企业分别定义为自变量 $X_1$、$X_2$、$X_3$、$X_4$、$X_5$ 和 $X_6$，可得到如下多元线形回归模型：

$$Y = 4.378 + 0.004X_1 - 0.271X_2 + 1.990X_3 + 0.053X_4 + 0.864X_5 + 0.734X_6$$

因变量从授权到未缴专利年费而被终止的时间与 6 个自变量的标准相关系数依次为：0.009、-0.128、0.314、0.035、0.113、0.116。可以看出，对因变量未缴专利年费而被终止的年数而言，权利人国别对其影响最大，其次是申请到授权所需时间、工矿企业和个人，最后是发明人数量和权利要求数。

### 二、专利维持时间影响因素回归结果分析

从表 5-4 所提供的方差分析情况可知，模型的 F 检验值为 66.402，显著性水平为 0，这说明模型整体情况较好。由表 5-3 所提供的模型整体情况可知，6 个自变量和因变量的整体相关度 $R$ 为 0.347，决定性系数 $R^2$ 为 0.121。换句话说，这 6 个自变量对因变量专利因未缴年费而被终止的年数的解释力只有 12.1%。产生这种结果的主要原因是影响专利维持时间的因素多且复杂（见本书第三章第四部分）。除此之外，就专利信息自身而言，还有另一个重要原因是，无法从现有的专利信息数据资源中获取对我国国家知识产权局授权专利的引证指数（包括前引指数和后引指数），而这一指数对专利维持时间具有重要影响。当然，不能因此否定采用现有的能获得的专利情报数据对因为未缴专利年费而被终止的情况分析。因为本书认为，在现有条件下，从专利情报角度无法采用更好的指标来分析专利维持问题，所以该模型对研究影

响专利维持时间因素的权重分布具有一定的价值。

从表5-5可以看出，6个自变量中，权利人国别对从授权到因未缴专利年费而被终止的时间的影响程度最大（标准相关系数为0.314）。关于权利国别对专利维持时间的问题，在本书第六章第三节专门论述。

影响程度仅次于权利人国别的影响因素是从申请到授权所需时间（标准相关系数为-0.128），即从申请到授权所需时间每减少1年，专利从授权到因未缴专利年费而被终止的时间将增加0.128年。这里有两点需要注意：首先是专利的维持时间与从申请到授权所需时间成反比，即从申请到授权所需时间越长，专利维持时间越短；其次是从申请到授权所需时间对专利维持时间的影响程度仅次于申请人国别。基于这两点，为了延长专利维持时间、充分发挥专利权的价值，必须重视从申请到授权所需时间。影响从申请到授权所需时间的因素主要包括专利审查程序、专利审查效率和专利申请文件的撰写水平等。因此对立法者而言，要优化专利审查程序；对专利审查员而言，要提高审查效率；对申请人和专利代理人而言，要强化时间观念，提高专利申请文件的撰写水平。

个人和工矿企业作为影响专利从授权到因未缴专利年费而被终止时间的自变量，是通过参照科研院所而设置的虚拟变量。二者的标准相关系数分别为0.113、0.116，即在其他变量不变的条件下，个人和工矿企业与科研院所相比，从授权到因未缴专利年费而被终止的平均时间分别要多0.113年和0.116年。可以看出，工矿企业、个人和科研院所对专利的平均维持时间长度依次递减。这个结果也符合人们的直觉。工矿企业具有直接实施、许可（特别是交叉许可）、转让、质押和入股投资等利用专利获得收益的有利条件，同时在专利维持经费方面企业也具有较大优势，所以工矿企业对专利的维持时间相对较长。科研院所具有较强的科研能力，发明创造较多，但是这些发明创造相对于工矿企业所完成的发明创造来说，应用性可能较差，从而对专利的维持时间有所影响。不过，科研院所对专利维持时间较短的主要原因在于科研院所对发明人的考核机制和维持经费方面。科研院所中的发明人从专利中获得的好处主要是职称晋升和升职等方面，所以权利人看重的是是否获得专利授权，轻视对专利的维持以及专利带来的实际效果，一般考虑发明创造申请获得后的实际价值的较少。个人对专利的维持情况处于工矿企业和科研院所之间，主要原因是在维持专利的优势介于工矿企业和科研院所之间。如个人在技术实用性和申请前对授权后是否有维持价值考虑较多，这有利于专利的维持；不过个人在维持经费方面的不足，加速了其对专利的放弃速度。

发明人数和权利要求数无法通过显著性检验（$P$ 值 < 0.05），说明这两个自变量对从授权到因未缴专利年费而被终止的时间影响微弱。它们的标准化回归系数值分别为 0.035 和 0.009，表明自变量发明人数和权利要求数对因变量因未缴专利年费而被终止的年数的解释力低于其他因素。

权利要求数对因变量影响微弱的原因至少可能有两个方面：一是虽然独立权利要求数越多，专利的保护范围一般就越宽，专利维持的时间可能就越长，但是统计中的权利要求数是独立权利要求数和从属权利要求数的总和，所以权利要求数并不直接代表专利权的保护范围，从而对专利维持时间的影响有限。二是即使同样的发明创造，不同的专利代理人撰写的专利权利要求书不同，权利要求数目可能也不相同；

即使相同的专利代理人针对同一发明创造，出于不同的目的，可能撰写出不同权利要求数目的权利要求书。例如申请人出于尽快获得授权而宁愿缩小保护范围的目的或者出于为了获得相对较宽的保护范围而宁愿容忍较长的授权时间的目的不同，权利要求数目肯定会有所不同。

为什么发明人数对因变量从授权到因未缴专利年费而被终止的时间的影响微弱呢？有一种观点认为，不同的专利对发明人数的需求不同。对于技术比较简单的发明创造需要的发明人较少，而对技术复杂的发明创造需要较多的发明人。技术简单的发明创造获得授权后，专利维持时间短；技术复杂的发明创造获得专利授权后，专利维持时间长。似乎与本书实证分析所得结论相反。不过本书认为，本书实证分析所得结论的合理性主要基于两点：一是对发明创造授予专利的条件特别是创造性条件的满足，不在于发明人数的多少，所以一项发明创造与发明人的多少关系不大。另一个原因可能是，发明人与申请人不同，他们不会分摊专利年费，减少专利维持成本。因此发明人数对专利维持时间长短的影响不明显是可以理解的。

## 三、专利维持时间影响因素回归结论及启示

本部分从专利信息视角对影响专利维持时间的因素进行回归分析的结论为：我国国家知识产权局授权的专利中申请人国别、从申请到授权所需时间、权利主体类型、发明人数和权利要求数对专利的维持时间影响程度依次减弱。

这个结论给我们的启示主要有三点：一是全面深入研究国家知识产权局授权的专利维持时间短、被终止速度快的

真正原因，并努力解决这个问题，从而更好地发挥专利制度的作用，并提高公共资源的利用率；二是必须认清国内权利人对专利维持现状及其对我国技术创新的影响，适当调整有关制度和政策，提高国内权利人对专利的管理和应用能力；三是提高专利审查员审查能力和审查效率，强化申请人和专利代理人时间观念，尽量缩短从申请到授权所需时间。

值得一提的是本书仅从专利情报角度研究了影响专利维持时间的因素及其权重。如果条件许可，我们希望今后分别从专利战略，专利管理，专利技术实施、许可、转让、质押、入股的政策法规和市场条件，专利审查的现有技术和创造性高度，专利侵权认定和赔偿等方面对专利的维持情况进行研究，以延长国家知识产权局授权专利的维持时间，提高我国专利质量，增强我国自主创新能力。

## 第四节　本章小结

专利个体价值的实现以其维持有效为前提。我国拥有的有效专利数量和质量在一定程度上标志着技术创新能力的高低和科技发展潜力的大小。所以研究我国国家知识产权局授权专利的维持整体情况不仅对客观评价我国专利质量和基于专利视角的技术创新能力都有重要意义，而且对完善专利维持制度非常重要。通过本章相关问题研究，可以得出如下结论：首先，我国国家知识产权局授权专利的维持时间较短，因未交专利维持年费被终止的数量多，而且被终止的速度快；其次，与美国专利商标局授权的被终止的专利相比，我国国家知识产权局授权的被终止专利的维持时间较短，审查周期较长和需要的发明人力资源较多；最后，就专利信息指标对专利维持时间而言，申请人的国别、从申请到授权所需时间、权利主体类型、发明人数和权利要求数对专利的维持时间影响程度依次减弱。

# 第六章　我国专利维持分类实证研究

尽管专利维持状况受专利制度、专利技术本身、技术交易制度、专利管理水平、政府资助政策、企业专利战略、创新主体规模和授权专利的专利局的差异等众多因素的影响，但因论文篇幅和数据所限，本章仅以《1994年我国国家知识产权局授权专利相关信息数据库》为依据，对不同创新主体、不同技术领域和不同国别权利人的专利的维持时间及相关信息进行分析，试图从专利维持时间的不同侧面研究我国技术创新能力。如以专利权利人类型为研究对象，可以比较企业拥有专利、高校拥有专利与个人拥有专利的维持时间的长短；以专利的技术领域为研究对象，可以通过比较不同技术领域专利维持时间的长短，研究专利价值的大小；以专利权人的国别为研究对象，可以通过研究本国居民和外国居民在我国获得授权专利的维持时间，以期达到通过专利维持时间反映这些因素对专利质量和技术创新能力的影响的目的。

## 第一节　不同类型创新主体拥有专利维持及相关信息分析*

不同类型创新主体的性质不同，使得它们申请专利的目

*　本部分主要内容发表于《科学学研究》2011年第3期，第442~447页。

的或动机存在较大差异，所以它们维持专利的状况可能会有所区别。但是这些区别程度有多大，至今很少看到相关实证研究成果。本节以《1994年我国国家知识产权局授权专利相关信息数据库》为依据，采用SPSS软件对1994年授权的3838件专利就不同类型创新主体拥有专利的法律状态、相关定距变量、维持时间、权利要求数、从申请到授权所需时间、专利申请人或权利人的国别和发明人数等分别进行分析。

## 一、不同类型创新主体拥有专利的权利要求数

专利的权利要求的内容及其数量的多少确定了专利保护的范围，也在一定程度上反映专利的技术创新能力。本书研究的工矿企业、科研院所、个人和机关团体拥有发明专利的权利要求数变化情况如图6－1所示。

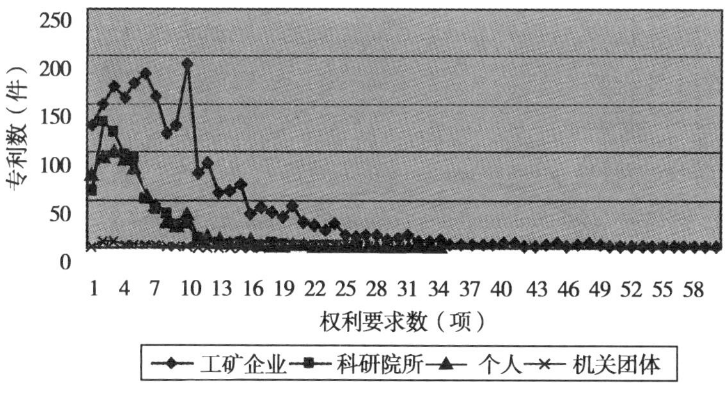


**图6－1 不同类型创新主体拥有专利的权利要求数比较**

从图6－1和统计数据可知，四种创新主体拥有专利的权利要求数情况存在明显差异。首先，权利要求数最多的专利由工矿企业拥有，同时工矿企业拥有权利要求数较少的专

利数量也明显高于其他类型创新主体，特别是工矿企业拥有权利要求数为 10 项的专利最多（192 件）。其次，个人拥有专利的最多权利要求数仅次于工矿企业，且个人拥有权利要求数为 3 项的专利最多（100 件）。最后，科研院所和机关团体拥有专利的最多权利要求数差异不大，且它们都拥有权力要求数为 2 项的专利在其拥有专利中最大；不过二者差异极大，科研院所为 131 件，机关团体仅 7 件。

## 二、不同类型创新主体拥有专利审查时间

专利审查时间一方面反映专利局审查专利的效率，另一方面也会在一定程度上反映专利申请人在专利审查中的积极性和所申请专利的复杂性等问题。图 6－2 为不同类型创新主体拥有专利审查时间的情况。

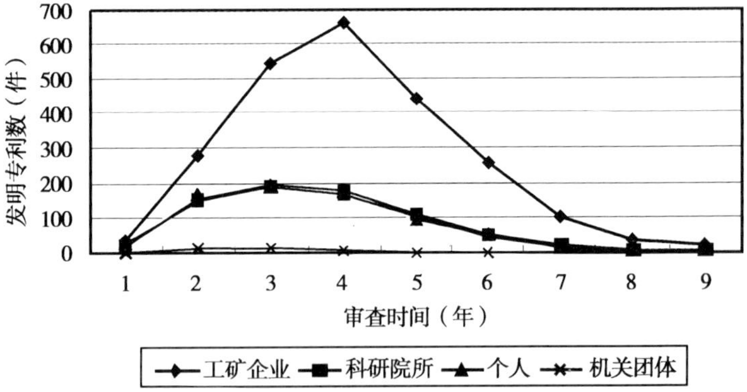


**图 6－2　不同类型创新主体拥有专利审查时间比较**

从图 6－2 可以看出，四种创新主体拥有专利的审查时间存在明显区别：首先，工矿企业申请专利授权所需时间主要集中在 2～6 年，审查需要 4 年的专利最多；其次，科研院所

和个人申请专利所需时间与其专利数量的变化情况极为相似，主要集中在2~5年，其中审查需要3年的时间最多；最后，机关团体申请专利授权所需时间主要集中在2~5年，其中审查需要3年的时间最多。

## 三、不同类型创新主体拥有专利中国内专利和国外专利

不同类型创新主体拥有专利中，国内专利和国外专利的分配比例在很大程度上反映了这一统计年度国内专利权人拥有专利的质量，进而反映这一时期我国创新主体的技术创新能力。表6-1是对不同类型创新主体拥有专利中国内专利和国外专利分布的统计。

**表6-1 不同创新主体拥有专利中国内专利和国外专利分布**

| | 专利总数（件） | 及比例（%） | 国内专利数（件） | 及比例（%） | 国外专利数（件） | 及比例（%） |
|---|---|---|---|---|---|---|
| 工矿企业 | 2 363 | 61.6 | 388 | 16.4 | 1 975 | 83.6 |
| 科研院所 | 728 | 19.0 | 649 | 89.1 | 79 | 10.9 |
| 个人 | 716 | 18.6 | 576 | 80.4 | 140 | 19.6 |
| 机关团体 | 31 | 0.8 | 30 | 96.8 | 1 | 3.2 |

根据表6-1，可以归纳出下列结论：首先，不同类型创新主体拥有专利数占授权专利总数的比例明显不同。工矿企业的比例最高（61.6%），机关团体的这一比例最低（0.8%），科研院所和个人的这一比例比较接近（分别为19.0%和18.6%）。其次，不同类型创新主体的国内专利占有比例差异较大。工矿企业拥有专利中国内专利的比例只有16.4%；个人和科研院所拥有专利中国内专利的比例分别为80.4%和89.1%；机关团体拥有专利中国外专利只有1件，

其余全是国内专利。可见，工矿企业拥有专利的维持时间长，而这一部分专利中绝大多数却被国外专利权人控制；科研院所、个人和机关团体拥有专利维持时间短，而这一部分专利中绝大多数却被国内专利权人占有。这在一定程度上反映了我国创新主体的技术创新能力相对较弱。

## 四、不同类型创新主体拥有专利的发明人数

完成一项专利的发明人的多少，在一定程度上反映该专利的复杂性，乃至技术创新程度。不同类型创新主体拥有专利的发明人数情况，可以在一定程度上反映它们拥有发明的复杂性或者创新程度以及不同类型创新主体的研发团队（个人）的合作程度。图 6－3 反映了不同创新主体拥有专利的发明人数情况。

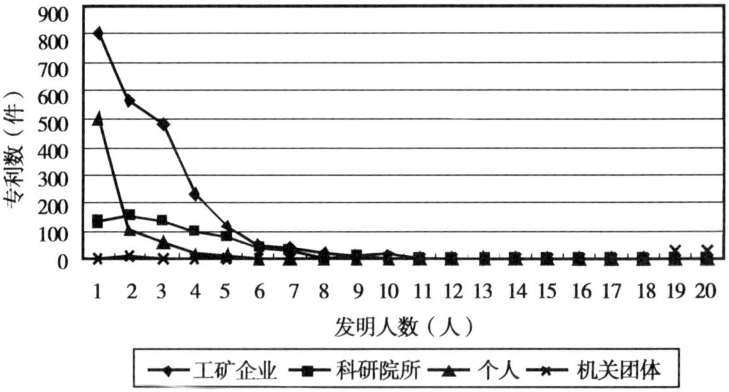


**图 6－3　不同创新主体拥有专利的发明人数比较**

从图 6－3 和统计数据可知，不同类型创新主体拥有专利的发明人数明显不同。对工矿企业而言，发明人数为 1 人的专利最

多（801件，占其专利总数的33.9%），其次是发明人为2人和3人的专利（分别为561件和486件），再次是发明人数为4人和5人的专利（分别为235件和134件），发明人数在5人以上的专利较少。科研院所拥有专利的发明人数变化情况与工矿企业截然不同，发明人数为3人的专利最多（138件，占其专利总数的19.0%）；发明人数为1人至4人的专利变化幅度不大（从137件到101件）。个人拥有专利的发明人数变化情况则既不同于工矿企业，也不同于科研院所。个人拥有发明人数为1的专利最多（550件，占其专利总数的70.5%），发明人在7人以上的极少。机关团体拥有专利的发明人数情况也很特别，31件专利中发明人数为1人到3人的专利有20件，占其专利总数64.5%，其中发明人数为2人的专利最多（10件）。上述情况很能反映不同类型创新主体完成专利的质量问题和在完成发明创造过程中研发人员合作的实际状况。

## 五、不同类型创新主体拥有专利的相关定距变量

表6－2反映了工矿企业、科研院所、个人和机关团体拥有专利的因未交专利年费而被终止专利数、被终止的专利维持时间均值、审查时间、权利要求数和发明人数的数据情况。

**表6－2 不同类型创新主体拥有专利的定距变量数据比较**

| | 被终止专利数（个） | 维持时间均值（年） | 审查时间均值（年） | 权利要求数（个） | | 发明人数量（个） | |
|---|---|---|---|---|---|---|---|
| | | | | 均值 | 最大值 | 均值 | 最大值 |
| 工矿企业 | 1 735 | 6.36 | 4.13 | 10.55 | 79 | 2.60 | 20 |
| 科研院所 | 677 | 4.00 | 3.65 | 5.20 | 57 | 3.51 | 20 |
| 个人 | 663 | 5.05 | 3.58 | 6.02 | 60 | 1.58 | 15 |
| 机关团体 | 29 | 3.76 | 2.74 | 5.13 | 24 | 3.74 | 15 |

从表6-2可得出以下结论：第一，工矿企业因未交专利年费而被终止的专利数最多，比科研院所、个人和机关团体因未交专利年费而被终止的专利数的总和还要多；第二，四种创新主体中因未交专利年费而被终止专利的平均维持时间差距明显，工矿企业最长（6.36年），其次是个人（5.05年），再次是科研院所（4.00年），维持时间最短的是机关团体（3.76年）；第三，四种创新主体拥有的专利从申请到授权所需要的时间或者审查时间也明显有所不同，工矿企业申请专利获得授权的平均时间最长（4.13年），其次是科研院所和个人申请专利获得授权的平均时间比较接近（3.65年和3.58年），机关团体申请专利获得授权的平均时间最短（2.74年）；第四，四种创新主体拥有专利的权利要求数均值区别较大，工矿企业拥有的每项专利的权利要求数均值最多（10.55项），其次是个人拥有的每项专利的权利要求数均值（6.02项），科研院所和机关团体拥有的每项专利的权利要求数均值较少且比较接近（5.20项和5.13项）；第五，四种创新主体拥有专利的发明人数均值差异也比较明显，首先是科研院所和机关团体拥有的每项专利的发明人数均值最大且比较接近（3.51人和3.74人），其次是工矿企业拥有的每项专利的发明人数均值（2.60人），个人拥有的每项专利的发明人数均值最少（1.58人）。

## 六、不同类型创新主体拥有发明专利法律状态及被终止情况

### （一）不同类型创新主体专利的法律状态

本书涉及的专利创新主体包括工矿企业、科研院所、个

人和机关团体四类，涉及的法律状态分别为继续有效、届满、无效、撤销、放弃和终止。根据给定数据库及软件处理得出不同类型创新主体在1994年获得授权的专利的法律状态如表6－3所示。

**表6－3　不同类型创新主体拥有专利的法律状态比较**

| | 终止 | | 继续有效 | | 届满 | | 无效 | | 撤销 | | (视为）放弃 | |
|---|---|---|---|---|---|---|---|---|---|---|---|---|
| | 数量（件） | 占比（%） | 数量（件） | 占比（%） | 数量（件） | 占比（%） | 数量（件） | 占比（%） | 数量（件） | 占比（%） | 数量（件） | 占比（%） |
| 工矿企业 | 1 734 | 73.4 | 515 | 21.8 | 108 | 4.5 | 2 | 0.08 | 2 | 0.08 | 2 | 0.08 |
| 科研院所 | 677 | 93.0 | 43 | 5.9 | 7 | 1.0 | 0 | 0 | 0 | 0 | 1 | 0 |
| 个人 | 663 | 92.6 | 42 | 5.9 | 8 | 1.1 | 2 | 0.3 | 1 | 0.1 | 0 | 0 |
| 机关团体 | 29 | 93.5 | 2 | 6.5 | 0 | 0 | 0 | 0 | 0 | 0 | 0 | 0 |

从表6－3中可以看出，不同类型创新主体拥有专利的法律状态的整体趋势是相似的，即绝大多数专利因为未交专利年费而被终止，少部分专利继续有效，极少部分专利维持到有效期届满，极个别专利被无效、撤销或者（视为）放弃。但是四种创新主体拥有专利的法律状态存在一定的差别。首先，工矿企业因未交专利年费而被终止专利数占其专利总数的比例最低(73.4%)，科研院所、个人和机关团体因未交专利年费而被终止专利数占其专利总数的比例比较接近而且比例较高（93.0%左右)。其次，工矿企业维持专利继续有效的比例（21.8%）明显高于科研院所、个人和机关团体维持专利继续有效的比例；巧合的是，科研院所和个人维持专利继续有效的比例相同（5.9%)，但是这个比例略低于机关团体维持专利继续有效的比例(6.5%)。最后，工矿企业拥有的专利维持到有效期届满的比例达到4.5%，而科研院所和个人拥有专利维持到有效期届满的比

例仅有1.0%左右，但机关团体拥有的专利竟然没有一件维持到有效期届满。上述分析与四种创新主体类型的性质及其在技术创新中的作用基本符合。

### （二）不同类型创新主体拥有专利被终止情况

授权后因未交年费而被终止专利的不同主体类型在不同时间段分布具体情况（表6－4）表明，五个时间段[1]中工矿企业、科研院所、个人和机关团体拥有专利被终止的数量都呈减少趋势，但是这种降低趋势的幅度却大不相同。

**表6－4　不同类型创新主体拥有专利在不同阶段被终止情况比较**

| 维持时间（年） | 工矿企业 | | 科研院所 | | 个人 | | 机关团体 | |
|---|---|---|---|---|---|---|---|---|
| | 数量（个） | 占比（%） | 数量（个） | 占比（%） | 数量（个） | 占比（%） | 数量（个） | 占比（%） |
| 1－3 | 522 | 28.6 | 405 | 59.8 | 272 | 41.0 | 18 | 62.1 |
| 4－6 | 454 | 24.9 | 150 | 22.2 | 200 | 30.2 | 6 | 20.6 |
| 7－9 | 357 | 19.6 | 75 | 11.1 | 113 | 17.1 | 2 | 6.9 |
| 10－12 | 335 | 18.4 | 32 | 4.7 | 53 | 8.0 | 3 | 10.4 |
| 13－15 | 155 | 8.5 | 15 | 2.2 | 25 | 3.7 | 0 | 0 |
| 合计 | 1 823 | 100.0 | 677 | 100.0 | 663 | 100.0 | 29 | 100.0 |

由表6－4可知，五个时间段中，专利被终止率下降总幅度分别为：工矿企业降低了20.1个百分点，个人降低了37.3个百分点，科研院所降低了57.6个百分点。也就是说，科研院所放弃专利的速度最快，其次是个人，最后是工矿企业。可见，工矿企业是专利平均维持时间最长的主体，即拥有较高专利质量的主

[1] 授权后第15年的数据仅截至2009年5月31日，所以第五个阶段实际上只有接近两年半的数据，而不是3年的数据，因此本书中的第五个阶段的数据误差较大。

体。科研院所和个人被终止的专利数的总数相对于工矿企业较低，二者总和比工矿企业还少483件。但是随着维持时间的延长，科研院所和个人拥有的专利被终止率的下降趋势都比工矿企业明显。出现这种统计结果，并不意外。工矿企业作为创新的主体，拥有更多的、维持时间较长的高质量的专利是在情理之中。因为相对科研院所和个人而言，工矿企业拥有充足研发经费、较好的实施技术或者转化技术的条件，或者说企业拥有将专利转化为经济效益的有利条件。科研院所自身的性质决定了其不能像工矿企业一样拥有并维持大量的专利。因为其主要任务是教学和科学研究，即使发明获得了授权，由于实施发明条件、转让或者许可技术方面的困难、维持经费的不足，使得很多有价值的专利无法继续维持。另一方面，由于对科研院所和发明人评价机制等问题，如发明人或者其所在单位只要获得授权，便可以在升职和职称评定中优先考虑，至于专利能够维持多长时间则无人过问。这种制度之下，要对专利权维持较长时间是很难做到的。这种现象似乎并不能直接说明科研院所所拥有的专利质量低，但是却能够解释科研院所以最快的速度放弃专利的原因。个人有类似于工矿企业维持的积极性，但是个人由于资金等因素的制约，不可能像工矿企业一样维持专利权，所以个人拥有专利的维持时间下降趋势较工矿企业强但较科研院所弱。

不同类型创新主体的性质不同，使得其申请专利的目的或动机存在较大差异，所以它们的维持专利状况可能会有所区别。根据对工矿企业、科研院所、个人和机关团体拥有的、我国国家知识产权局1994年授权专利在维持时间、审查时间、权利要求数和发明人数的分析，得出如下结论：第一，从专利平均维持时间来看，工矿企业拥有专利的平均维持时间最长（6.36年），其次是个人（5.05年），再次是科研院所（4.00年），机关团体拥有专利的平均维持时间最短（3.76年）；第二，从专利审查时间来看，工矿企业拥有专利的平均审查时间最长（4.13年），科研院所和个人拥有专利的平均审查时间比较接近（3.65年和3.58年）次之，机关团体拥有专利的平均审查时间最短（2.74年）；第三，从专利权利要求数来看，工矿企业拥有专利的权利要求数均值最多（10.55项），其次是个人拥有的每项专利的权利要求数均值（6.02项），科研院所和机关团体拥有的每项专利的权利要求数均值较少，且比较接近（5.20项和5.13项）；第五，从单件专利的发明人数来看，科研院所和机关团体拥有的单件专利的发明人数均值最大，且比较接近（3.51人和3.74人），工矿企业拥有的单件专利的发明人数均值（2.60人）次之，个人拥有的每项专利的发明人数均值最少（1.58人）。

从上述结论中，至少可以得出如下启示：专利对不同类型创新主体的价值和意义决定了它们对专利管理和运用的水平以及对专利维持的态度。这一事实使得我们清楚地认识到，对不同类型创新主体而言，提高它们专利管理和运用能力的方法各不相同，或者说，它们在实施国家知识产权战略乃至建设创新型国家中的地位和作用要区别对待。

## 第二节　不同技术领域专利维持情况分析*

专利技术领域是指根据《国际专利分类斯特拉斯堡协定》

* 本部分主要内容发表于《图书情报工作》2011年第6期，第36~39页。

（简称 IPC）划分的 A（生活需要）、B（作业运输）、C（化学冶金）、D（纺织造纸）、E（固定建筑物）、F（机械工程、照明、加热、武器、爆破）、G（物理）、H（电学）八大技术领域。该分类是使各国专利文献获得统一分类的一种工具。其首要目的是为各知识产权局（专利局）和其他使用者建立一套对专利文献高效检索的工具，用以确定专利申请的新颖性，评价专利申请技术内容的发明高度或者非显而易见性（包括对技术先进性和有益的结果或者实用性的评价）。它既可以作为对每一个技术领域进行现有技术水平调研的基础，也可以作为进行专利统计工作的基础，从而对各个技术领域的技术发展状况作出评价。[1] 正是基于上述观点，本书以《1994 年我国国家知识产权局授权专利相关信息数据库》为依据，通过研究我国授权的、不同技术领域专利的维持时间和法律状态及不同阶段被终止率变化趋势情况，从不同维度明确不同技术领域专利维持状况的差异程度，揭示不同技术领域专利维持的规律，分析了专利维持信息与专利质量和创新主体专利运用和管理能力的关系，为提高我国授权专利质量提供参考依据。

## 一、不同技术领域专利维持时间和法律状态

### （一）专利维持时间

专利维持时间达到其最优维持时间的数量占所有授权专利的比例是衡量专利制度绩效高低的重要指标之一。不同技术领域专利维持时间从维持层面反映了专利的运用或者

[1] 李建蓉. 专利信息与利用［M］. 知识产权出版社，2006：335.

管理情况，或者说反映了授权专利为专利权人带来收益的时间长短，也体现了不同技术领域专利的价值或者质量的区别所在。图6－4反映了不同技术领域的专利维持时间均值情况。

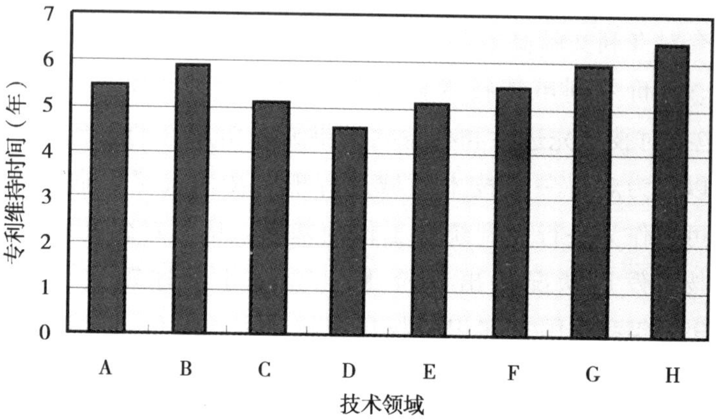


**图6－4　不同技术领域专利维持时间**

从图6－4和相关统计数据可知，不同技术领域专利维持时间存在一定差异。具体情况为，电学类专利维持时间最长，被终止专利的维持时间均值为6.41年；其次是物理类与作业和运输类专利，其维持时间均值分别为5.92年和5.87年；再次是生活需要类和机械工程、照明、加热、武器、爆破类专利，其维持时间均值分别为5.44年和5.42年；巧合的是，化学冶金类专利和固定建筑物类专利的维持时间均值相同，都是5.09年；而纺织造纸类专利的维持时间均值最小，只有4.53年，比维持时间最长的电学类专利相差1.88年。

## （二）专利法律状态

不同技术领域专利的法律状态以检索当日或者日前为时间点，从被终止、继续有效、届满、无效、撤销和放弃等角度横向反映了不同技术领域专利的维持状况。表6－5反映了1994年我国授权专利（截至2009年5月31日）在不同技术领域的法律状态。从表6－5可知，不同技术领域专利绝大多数被终止，少量专利继续有效，维持到有效期届满的专利很少，无效、撤销或者放弃的专利极少。但是具体技术领域的情况又有所不同。

表6－5　不同技术领域专利的法律状态比较

| | 终止 | | 继续有效 | | 届满 | | 无效 | | 撤销 | | 放弃 | |
|---|---|---|---|---|---|---|---|---|---|---|---|---|
| | 数量(件) | 占比(%) | 数量(件) | 占比(%) | 数量(件) | 占比(%) | 数量(件) | 占比(%) | 数量(件) | 占比(%) | 数量(件) | 占比(%) |
| A | 561 | 85.8 | 67 | 10.3 | 24 | 3.7 | 0 | 0 | 0 | 0 | 1 | 0.2 |
| B | 638 | 81.0 | 132 | 16.8 | 15 | 1.9 | 2 | 0.3 | 1 | 0.1 | 0 | 0 |
| C | 859 | 81.7 | 127 | 12.1 | 61 | 5.8 | 0 | 0 | 2 | 0.2 | 2 | 0.2 |
| D | 95 | 78.5 | 24 | 19.9 | 1 | 0.8 | 1 | 0.8 | 0 | 0 | 0 | 0 |
| E | 74 | 88.1 | 10 | 11.9 | 0 | 0 | 0 | 0 | 0 | 0 | 0 | 0 |
| F | 230 | 84.2 | 40 | 14.7 | 3 | 1.1 | 0 | 0 | 0 | 0 | 0 | 0 |
| G | 382 | 75.0 | 112 | 22.0 | 14 | 2.8 | 1 | 0.2 | 0 | 0 | 0 | 0 |
| H | 264 | 73.5 | 90 | 25.1 | 5 | 1.4 | 0 | 0 | 0 | 0 | 0 | 0 |

根据因未交专利费而被终止或者提前失效专利数量比率高低将表6－5中八大技术领域简单地划分为五类：一是被终止率最高的固定建筑物类专利（88.1%）；二是生活需要类

专利和机械工程、照明、加热、武器、爆破类专利（被终止率分别为85.8%和84.2%）；三是化学、冶金类专利和作业、运输类专利（被终止率分别为81.7%和81.0%）；四是纺织、造纸类专利（被终止率为78.5%）；最后一类就是物理类专利和电学类专利，它们因未交年费而被终止的专利数占其专利总数的比例较低（分别为75.0%和73.5%）。可见，固定建筑物类专利被终止率最高，电学类专利和物理类专利被终止率最低。

依据专利有效率的高低将表6-5中不同技术领域的专利简单划分为四类：一是专利有效率最高的电学类专利（有效率为25.1%）；二是物理类专利和纺织、造纸类专利（专利有效率分别为22.0%和19.9%）；三是作业、运输类专利和机械工程、照明、加热、武器、爆破类专利（有效率分别为16.8%和14.7%）；专利有效最低的一类是化学冶金类专利、固定建筑物类专利和生活需要类专利（有效率分别为12.1%、11.9%和10.3%）。可见，电学类专利有效率最高，化学冶金类专利、固定建筑物类专利和生活需要类专利有效率最低。

不同技术领域专利的届满率在很大程度上说明该类专利的价值高低。从表6-5可知，专利维持届满率最高的是化学冶金类专利（届满率为5.8%）；其次是生活需要类专利（届满率为3.7%）；再次是物理类专利（届满率为2.8%）；第四类是作业运输类专利，电学类专利，机械工程、照明、加热、武器、爆破类专利和纺织造纸类专利（届满率为分别为1.9%、1.4%、1.1%和0.8%）；值得注意的是，固定建筑物类专利没有一件维持到届满。

从表 6-5 可知，从 1994 年授权至 2009 年 5 月 31 日只有 2 件作业运输类专利、1 件纺织造纸类专利和 1 件物理类专利被无效；2 件化学冶金类专利和 1 件作业运输类专利被撤销；2 件化学冶金类专利和 1 件生活需要类专利被放弃。

综上所述，电学类专利和物理类专利因未交年费而被终止的数量比例较低，即维持率较高；固定建筑物类专利，机械工程、照明、加热、武器、爆破专利和生活需要类专利因未交年费而被终止的专利比例较高，即维持率较低；化学冶金类专利和生活需要类专利维持到有效期届满的比例较高，固定建筑物类专利维持有效期届满的比例较低；机械工程、照明、加热、武器、爆破类专利继续有效的比例比较特别。

## 二、不同技术领域在不同时间段专利维持趋势分析

考察不同时间段[1]专利维持的数量情况，可以从纵向角度研究专利的维持信息，进而发现不同技术领域专利维持趋势。从不同技术领域在不同时间段被终止专利的分布情况（表6-6）可知，不同技术领域中，整体维持趋势是授权后因未缴年费而被终止的专利的被终止率都随维持时间的增加而逐渐降低。但是，不同技术领域在不同时间段降低的幅度存在一定程度的差异。

---

[1] 本书研究专利授权后第 15 年的数据仅截至 2009 年 5 月 31 日，所以第 5 个阶段实际上只有接近两年半的数据，而不是 3 年的数据，因此第 5 个阶段的数据误差较大。

表 6-6　不同技术领域专利在不同时间段被终止率比较

| 维持时间（年） | A | | B | | C | | D | | E | | F | | G | | H | |
|---|---|---|---|---|---|---|---|---|---|---|---|---|---|---|---|---|
| | 数量（件） | 占比（%） | 数量（件） | 占比（%） | 数量（件） | 占比（%） | 数量（件） | 占比（%） | 数量（件） | 占比（%） | 数量（件） | 占比（%） | 数量（件） | 占比（%） | 数量（件） | 占比（%） |
| 1~3 | 223 | 40 | 228 | 36 | 371 | 43 | 49 | 52 | 30 | 41 | 88 | 38 | 141 | 37 | 87 | 33 |
| 4~6 | 157 | 28 | 166 | 26 | 208 | 24 | 23 | 24 | 23 | 31 | 69 | 30 | 100 | 26 | 64 | 24 |
| 7~9 | 93 | 16 | 119 | 18 | 163 | 19 | 14 | 15 | 11 | 15 | 36 | 16 | 67 | 18 | 44 | 17 |
| 10~12 | 57 | 10 | 79 | 12 | 87 | 10 | 5 | 5 | 7 | 9 | 24 | 10 | 36 | 9 | 40 | 15 |
| 13~15 | 31 | 6 | 46 | 8 | 29 | 4 | 4 | 4 | 3 | 4 | 13 | 6 | 39 | 10 | 30 | 11 |
| 合计 | 561 | 100 | 638 | 100 | 858 | 100 | 95 | 100 | 74 | 100 | 230 | 100 | 383 | 100 | 265 | 100 |

专利授权后的第1~3年期间，是所有技术领域专利被终止率最高的时间段。其中纺织造纸类专利被终止率最高（52%）；其次是化学冶金类专利、固定建筑物类专利和生活需要类专利（被终止率分别43%、41%和40%）；再次是机械工程、照明、加热、武器、爆破类专利，物理类专利和作业运输类专利（被终止率分别38%、37%和36%）；被终止率排在最后的是电学类专利，被终止率为33%。不难发现，虽然表6-6中反映的整体终止最快的是固定建筑物类专利，但是纺织造纸类专利在授权后的第1~3年中被终止速度最快。可见，授权后第1~3年期间，不同技术领域专利被终止率都很高，但其差异也较大，如纺织造纸类专利与电学类专利被终止率差值接近20%。

专利授权后的第4~6年期间，是所有技术领域专利被终止速度相对降低的时间段，该阶段专利被终止率比较接近。其中被终止率相对较高的是固定建筑物类专利和机械工程、照明、加热、武器、爆破类专利（被终止率分别为31%和

30%），其次是生活需要类专利（被终止率为28%），再次是物理类专利和作业运输类专利（被终止率均为26%），最后是化学冶金类专利、纺织造纸类专利和电学类专利（被终止率均为24%）。可见，在授权后第4～6年期间，专利被终止速度相对于授权后第1～3年期间明显减缓，不同技术领域专利被终止率最大差值只有7%。

在专利授权后第7～9年期间，所有技术领域专利被终止率更为接近。其中，专利被终止率最高的是化学冶金类专利（被终止率为19%），往后依次是物理类专利和作业运输类专利（被终止率均为18%），电学类专利（被终止率为17%），生活需要类专利和机械工程、照明、加热、武器、爆破类专利（被终止率均为16%），纺织造纸类专利和固定建筑物类专利（被终止率均为15%）。可见，这一阶段专利被终止速度更为平缓，不同技术领域专利被终止率最大差值只有4%。

在专利授权后第10～12年期间，不同技术领域专利被终止率的差距较授权后第7～9年有所增加。其中专利终止率最高的是电学类专利（被终止率为15%），其次是作业运输类专利（被终止率为12%），再次是生活需要类专利、化学冶金类专利和机械工程、照明、加热、武器、爆破类专利（被终止率均为10%），第四是固定建筑物类专利和物理类专利（被终止率均为9%），被终止率最低的是纺织造纸类专利（被终止率为5%）。可见，这一时间段专利被终止率更低，但不同技术领域专利被终止率最大差值有所回升，达到6%。

专利授权后第13～15年期间，随着专利被终止数量减少，专利被终止率的差异也较授权后第10～12年期间有所拉大。其中电学类专利被终止率（11%）最高，其次是物理类专利（被终止率为10%），再次是作业运输类专利（被终止率为8%），第四是生活需要类专利和机械工程、照明、加热、武器、爆破类专利（被终止率均为6%），被终止率最低的是化学冶金类专利、纺织造纸类专利和固定建筑物类专利（被终止率均为4%）。

综上所述，从不同技术领域专利被终止的变化趋势来看，纺织造纸类专利和化学冶金类专利、固定建筑物类专利的被终止率下降趋势较快，电学类专利、物理类专利和作业运输类专利被终止率下降趋势较为平缓。

### 三、不同技术领域专利情报相关数据

#### （一）专利审查时间

不同技术领域专利的复杂程度不同，从申请到授权所需时间可能有所不同，所以不同技术领域专利的审查时间从不同程度上反映不同技术领域发明创造的难易差距。图6－5反映了不同技术领域专利的审查时间情况。

从图6－5及原始数据可知，不同技术领域专利的审查时间总体情况为：审查时间1～8年的专利基本上呈现正态分布，审查时间为8～9年的专利很少。但这种正态分布又存在差异：生活需要类专利审查时间为4年的最多（178件），占其总数的27.3%；作业运输类专利审查时间为3年的最多（241件），占其总数的30.6%；化学冶金类专利审查时间为4年的最多（249件），占其总数的23.7%；纺织造纸类专利审查时间为3年的最多（39件），占其总数的32.2%；固定建筑物类专利审查时间为3年的最多（29件），占其总数的34.5%；机械工程、照明、加热、武器、爆破类专利审查时

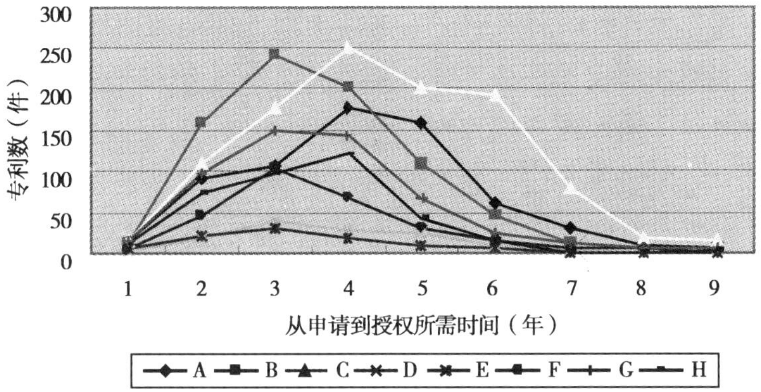


**图 6－5 不同技术领域专利审查时间比较**

间为 3 年的最多（104 件），占其总数的 38.1%；物理类专利审查时间为 3 年的最多（150 件），占其总数的 29.5%；电学类专利审查时间为 4 年的最多（120 件），占其总数的 33.4%。可见，除了生活需要类、化学冶金类和电学类专利审查时间为 4 年的占其最大比例外，其他技术领域专利审查时间为 3 年的占有其最大比例，而且这些比例基本处于 27.3%～38.1%。

## （二）专利权利要求数

权利要求数目及其内容是对专利权利范围的限定，也是确定是否侵权的依据所在。不同技术领域专利的权利要求数在一定程度上反映了这些技术领域专利保护范围情况，进而反映这些技术领域专利的创新能力。[1] 本书考察的不同技术领域专利权利要求数的分布如图 6－6 所示。

---

[1] Tong, J. D. Frame. Measuring national technological performance with patent claims data [J]. Research Policy, 1995, 23 (2): 33－141.

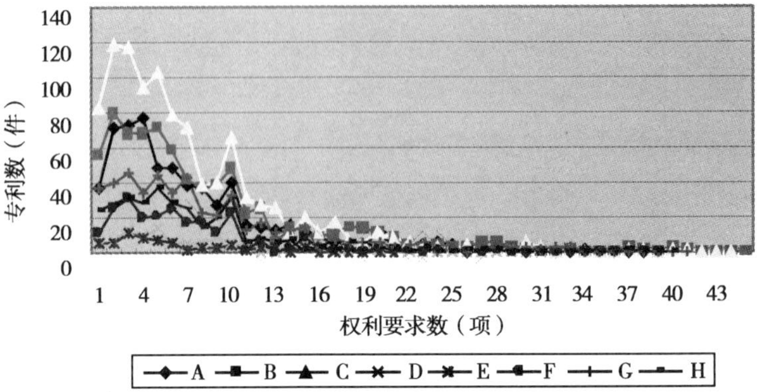


**图 6－6　不同技术领域专利权利要求数均值比较**

由图 6－6 可知，不同技术领域专利的权利要求数分布存在明显区别，结合相关原始数据可以发现一些比较重要的现象。生活需要类专利，权利要求数为 4 项的专利最多（78 件），占其专利总数的 11.9%；权利要求数为 1～20 项的专利占其专利总数的 92.8%。作业运输类专利，权利要求数为 2 项的专利最多（80 件），占其专利总数的 10.2%；权利要求数为 1～20 项的专利占其专利总数的 91.0%。化学冶金类专利，权利要求数为 2 项的专利最多（119 件），占其专利总数的 11.3%；权利要求数为 1～20 项的专利占其专利总数的 94.0%。纺织造纸类专利，权利要求数为 5 项的专利最多（15 件），占其专利总数的 12.4%；权利要求数为 1～20 项的专利占其专利总数的 89.3%。固定建筑物类专利，权利要求数为 3 项的专利最多（12 件），占其专利总数的 14.3%；权利要求数为 1～20 项的专利占其专利总数的 97.6%。机械工程、照明、加热、武器、爆破类专利，权利要求数为 3 项的专利最多（32 件），占其专利总数的 14.3%；权利要求数为1～20项的专利占其专利总数的91.2%。物理类专利，权利要求数为3项的专利最多（46件），占其专利总数的9.0%；权利要求数为1～20项的专利占其专利总数的90.2%。电学类专利，权利要求数为5项的专利最多（38件），占其专利总数的10.6%；权利要求数为1～20项的专利占其专利总数的92.2%。

可见，不同技术领域专利的权利要求数多集中于2～5项，权利要求数在20项以下的专利占样本总数的92%以上。但具体情况有所不同：纺织造纸类专利权利要求数大于20项的比例最高，往后依次是物理类，作业运输类，机械工程、照明、加热、武器、爆破类，电学类，生活需要类，化学冶金类和固定建筑物类专利权利要求数大于20项的专利比例最低。

### （三）专利发明人数

不同技术领域完成专利的发明人数可以在一定程度上反映这些技术领域专利的难度及其发明人的合作程度。一般而言，技术复杂的发明需要更多的发明人合作发明，技术简单的发明需要的发明人较少，但是也有例外。图6－7反映了不同技术领域完成单件专利所需发明人数的情况。

从图6－7和原始数据可知，不同技术领域完成单件专利的发明人数的变化情况存在一定差异。生活需要类专利，发明人数为1人的专利最多（253件），占其专利总数的38.7%；发明人数为1～4人的专利占其专利总数的86.2%。作业运输类专利，发明人数为1人的专利最多（348件），占其专利总数的44.2%；发明人数为1～4人的专利占其专利总数的86.2%。化学冶金类专利，发明人数为2人的专利最

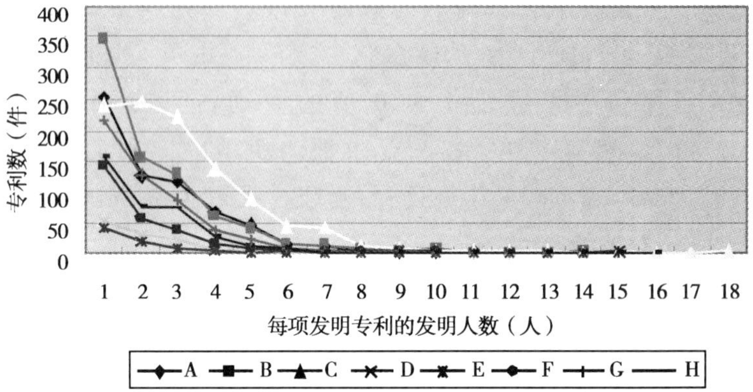


**图6－7　不同技术领域完成专利的发明人数比较**

多（246 件），占其专利总数的 23.4%；发明人数为 1～4 人的专利占其专利总数的 79.9%。纺织造纸类专利，发明人数为 1 人的专利最多（53 件），占其专利总数的 43.8%；发明人数为 1～4 人的专利占其专利总数的 92.6%。固定建筑物类专利，发明人数为 1 人的专利最多（42 件），占其专利总数的 50.0%；发明人数为 1～4 人的专利占其专利总数的 88.1%。机械工程、照明、加热、武器、爆破类专利，发明人数为 1 人的专利最多（141 件），占其专利总数的 51.6%；发明人数为 1～4 人的专利占其专利总数的 91.9%。物理类专利，发明人数为 1 人的专利最多（215 件），占其专利总数的 42.2%；发明人数为 1～4 人的专利占其专利总数的 92.3%。电学类专利，发明人数为 1 人的专利最多（158 件），占其专利总数的 44.0%；发明人数为 1～4 人的专利占其专利总数的 93.6%。

可见，不同技术领域完成单件专利的发明人数存在一定的相似性。如除化学冶金技术领域外，不同技术领域中的发明人数为 1 人的专利占其比例最高；同时，不同技术领域完成单件专利的发明人数也存在一定差异，如发明人数为 1 ~ 4 人的专利占其总数的比例中，电学类，纺织造纸类，物理类，机械工程、照明、加热、武器、爆破类专利较高，其次是固定建筑物、生活需要、作业运输技术领域，这一比例最低的是化学冶金技术领域。

通过对我国授权的不同技术领域专利的维持时间、法律状态及不同时间段被终止率变化趋势分析，得出如下结论：一是电学类专利维持时间最长，纺织造纸类专利的维持时间均值最小；二是物理类和电学类专利被终止率较低，固定建筑物类和生活需要类专利被终止率较高；三是电学类、物理类和作业运输类专利被终止率下降趋势较为平缓，纺织造纸类、化学冶金类和固定建筑物类专利的被终止率下降趋势较快；四是除了生活需要类、化学冶金类和电学类专利审查时间为 4 年左右外，其他技术领域大多数专利审查时间都是 3 年左右；五是纺织造纸类专利权利要求数大于 20 项的比例最高，化学冶金类专利权利要求数大于 20 项的专利比例最低；六是完成单件化学冶金类专利的发明人数为 2 的比例最多，完成其他技术领域单件专利的发明人数为 1 人的比例最高。

专利的维持时间、被终止率及其下降趋势等专利维持信息从静态和动态两个层面在一定程度上反映了专利的质量、创新主体的专利运用和管理能力。一般而言，专利的质量越高，说明其对权利人带来收益的可能性越大；反之亦然。在专利质量相同或相近的情况下，创新主体的专利运用和管理能力的高低也会直接影响专利维持时间或者专利的被终止率。

因为即使相同质量的专利，如果创新主体实施、许可专利的能力较低，或者管理专利的水平较为低下，如不能及时缴纳专利年费甚至对专利之前缺乏准确的评估，都会导致专利提前被终止，维持时间减少。因此，上述结论启示我们：电学类、物理类和作业运输类专利的质量相对较高，创新主体专利运用和管理能力相对较强；纺织造纸类、化学冶金类和固定建筑物类专利质量相对较低，创新主体专利运用和管理能力较弱。最后，有两点值得一提：一是不同技术领域对专利制度的适用情况需要进一步深入研究；二是上述结论只是统计结果，并不能说明某些个体领域是否出现异常状况。

## 第三节　不同国别专利权人专利维持情况分析*

截至 2009 年 12 月 7 日，我国专利授权总量突破 300 万件，达到 300.7636 万件；其中发明专利授权 57.3372 万件，占19.1%。自专利法实施起，我国授权专利总量用了 18 年 4 个月达到首个 100 万件，第二个 100 万件历时 4 年 2 个月，第三个 100 万件仅仅用时 2 年 1 个月。[1]这些事实是否说明我国国民的技术创新能力很强呢？在中国专利申请量和授权量大幅增长的过程中，认清我国国民拥有专利的质量现状、明确影响专利质量的因素继而探索实现专利数量和质量同步增长的途径，具有十分重要的意义。

---

* 本部分主要内容发表于《科学学与科学技术管理》2009 年第 6 期，第29～32 页。

[1] http://www.sipo.gov.cn/sipo2008/yw/2009/200912/t20091218_485670.html 2009-12-19.

世界知识产权组织（WIPO）公布的《世界知识产权指标报告（2009）》显示，2007 年我国专利申请量位于全球第三，授权量位于全球第四。[1] 我国国家知识产权局规划发展司编著的《专利统计简报》（2011 年第 6 期）刊登的《2010 中国有效专利年度报告（一）》显示，截至 2010 年年底，我国有效专利共计 2 216 082 件。其中，国内 1 825 403件，国外 390 679件，分别占 82.4% 和 28.9% 。其中国内有效发明专利 257 893件，占其总量的 45.7% ；国外有效发明专利 306 867件，占其总量的 54.3% 。[2] 上述数据提醒我们，在我国专利申请量和授权量都大幅增加的过程中，在获得授权并有效维持的专利中，国内专利的维持数远小于国外专利的维持数。所以应该清醒地认识到，尽管目前我国专利申请量、授权量和有效专利量不断增加，但是真正属于我国权利人的有效专利所占比例还很低。为了较为深入地研究真正属于我国权利人的专利情况、增强我国自主创新能力，本节对国内专利和国外专利的维持率、维持时间、平均权利要求数、从申请到授权所需时间、平均发明人数和主要技术领域进行比较研究。

## 一、国内外专利的法律状态

从国内外专利的法律状态（表 6－8）可知，1994 年国家知识产权局授权的 3 838件专利中，国内专利 1 643件占授权专利总数的 42.8%，国外专利 2 195件占授权专利总数的

[1] World Intellectual Property Indicators（2009 Edition）［DB/OL］. http：//www.wipo.int/export/sites/www/ipstats/en/statistics/patents/pdf/wipo_ pub_ 941. pdf 2009－12－21.

[2] 国家知识产权局规划发展司. 2010 年中国有效专利年度报告（一）［R］. 专利统计简报，2011，105（6）：1－28.

57.2%，二者差距不是很大。截至2009年5月31日，国内专利因未缴专利年费而被终止1 521件，占国内授权专利总数的92.6%；继续有效的专利112件，占国内授权专利总数的6.8%；国外专利因未交专利年费而被终止1 582件，占国外授权专利总数的72.1%；继续有效的专利490件，占国外授权专利总数的22.4%。国内专利维持到届满的只有5件，占届满专利总数的4.1%；而国外专利维持到届满的有118件，占届满总数的95.9%。国内外授权专利总数差距不大，但国内专利的维持率和维持到届满的数量远远低于国外专利。

**表6－8　国内外专利的法律状态比较**

| | | 届满 | 有效 | 无效 | 视为放弃 | 撤销 | 未交专利年费而被终止 | 合计 |
|---|---|---|---|---|---|---|---|---|
| 国内权利人 | 专利数(件) | 5 | 112 | 3 | 1 | 1 | 1 521 | 1 643 |
| 持有专利 | 百分比(%) | 0.3 | 6.8 | 0.2 | 0.1 | 0.1 | 92.6 | 100 |
| 国外权利人 | 专利数(件) | 118 | 490 | 1 | 2 | 2 | 1 582 | 2 195 |
| 持有专利 | 百分比(%) | 5.4 | 22.4 | 0 | 0.1 | 0.1 | 72.1 | 100 |

## 二、国内外专利的有关定距变量

截至2009年5月31日，1994年国家知识产权局授权的3838件专利中因未交专利年费而被终止的3104件国内外专利的有关定距变量如表6－9所示。从表6－9可知，被终止的专利中，国内专利的平均维持时间为4.29年，国外专利的平均维持时间为6.74年，相差近2.5年；国内专利的平均权利要求数为4.65项，国外专利的平均权利要求数为11.63项，国外专利的平均权利要求数是国内专利平均权利要求数的2倍多；国内专利的平均发明人数为2.80人，国外专利的平均发明人数为2.44人；国内专利从申请到授权所需的平均时间为3.39年，国外专利从申请到授权所需的平均时间为4.33年。可见，国内专利的维持时间、平均权利要求数和从申请到授权所需时间都明显少于国外专利，而平均发明人数多于国外专利。

**表6－9　国内外专利的有关定距变量比较**

| | 国内权利人持有专利 | | 国外权利人持有专利 | |
|---|---|---|---|---|
| | 平均值 | 标准方差 | 平均值 | 标准方差 |
| 维持费年数（年） | 4.29 | 3.116 | 6.74 | 3.795 |
| 权利要求数（项） | 4.65 | 3.470 | 11.63 | 9.771 |
| 发明人数量（人） | 2.80 | 2.318 | 2.44 | 1.774 |
| 从申请到授权所需时间（年） | 3.39 | 1.396 | 4.33 | 1.486 |

## 三、国内外专利的维持时间

从因未缴专利费而被终止的3104件国内外专利的维持对比情况（图6－8）可知，尽管国内外专利的维持状况都呈先快速上升后逐渐下降趋势，但是不论上升的高度还是下降的速度都存在明显的差别。

国内外专利被终止的高峰期都在授权后的第2年，但是国外权利人在授权后第2年被终止的专利数只有近200件；而国内权利人在授权后第2年被终止的专利数近400件，接近国外权利人被终止专利数的2倍。国内专利在授权后第2～3年被终止数的下降幅度最大，从授权后的第3～6年下降幅度次之，从第6～11年被终止数下降缓慢且呈现波动，而从第11～15年则呈现稳步下降趋势；国外专利被终止数在授权后第2～15年一直比较平缓，从授权后第10～12年下降趋势较为明显。可见，国内专利被终止的速度明显要高于国外专

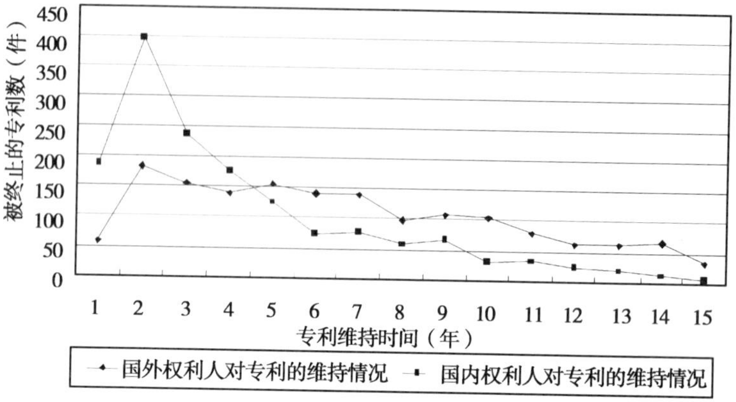


**图6－8　国内外申请人对专利的维持情况比较**

利，或者说，与国外专利权人拥有的专利相比，国内专利权人拥有的专利的维持时间有很大差距。

上述数据清晰表明，从法律状态、权利要求数和被终止数的变化趋势来看，国家知识产权局授权的国内专利质量明显低于国外专利。

## 四、国内外专利的权利要求数

专利申请的权利要求数能够较好地反映国家技术创新能力，❶❷ 所以比较国内外专利申请的权利要求数对衡量国内外技术创新能力非常重要。国内外专利的权利要求数分布如图6－9所示。由图6－9可知，国内专利中权利要求数只有2

❶ Tong，J. D. Frame. Measuring National Technological Performance with Patent Claims Data [J]. Research Policy，1995 (23)：133－141.

❷ M. Reitzig. What Determines Patent Value? Insights from the Semiconductor Industry [J]. Research Policy，2003 (32)：13－26.

项的专利最多，绝大多数专利的权利要求数都在1项到11项之间，权利要求数最多的是25项；而国外专利的权利要求数是10的专利最多，绝大多数专利的权利要求数都在1项到30项之间，权利要求数最多的是61项。虽然权利要求数不能直接说明专利的维持时间和专利的质量状况，但是如此之大的差距显示了国内专利在质量、申请文件的撰写等方面与国外专利具有较多的差距。

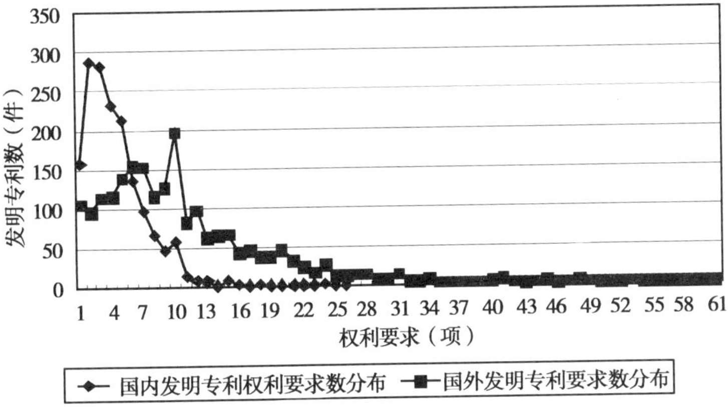


图6-9　国内外专利的权利要求数分布比较

## 五、国内外专利的发明人数

国内外专利的发明人数情况如图6-10所示。从图6-10可知，不论是国内专利，还是国外专利，发明人数为1的专利数最多。不过发明人数为1人的国外专利数要高于国内专利数。发明人数在1~4.6人左右时，随着发明人数的增加，国内外专利数都在减少，不过相同的发明人数对应的国外专利数高于国内专利数。发明人数超过4.6人时，国内外专利的发明人数变化趋势趋于相同。

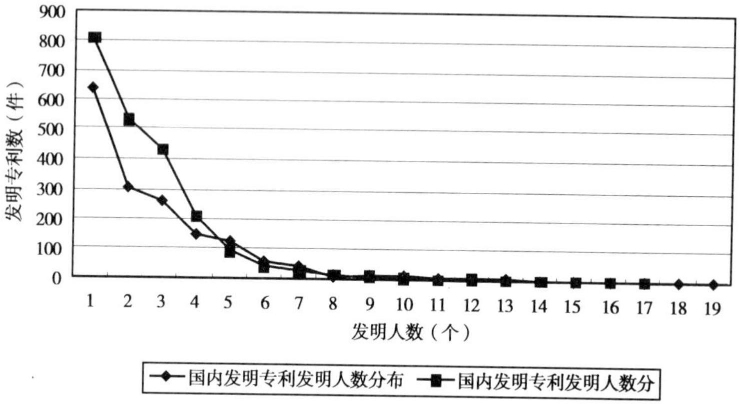


图 6－10　国内外专利的发明人数比较

## 六、不同技术领域国内外被终止专利数占各自总专利数比例

为了使国内外专利在不同技术主题方面具有可比性，本部分将国内和国外不同主题的专利数与其当年获得授权的专利总数的比例进行比较。如图 6－11 所示，国内专利在生活需要、化学和冶金、固定建筑物技术主题方面占其授权总数的比例高于国外专利；国外专利在纺织和造纸、物理、电学技术方面占其授权总数得比例高于国内专利；作业和运输、机械工程、照明、加热、武器、爆破技术主题方面国内外专利数占各自获得授权的专利数的比例差距不大。

认清我国现有自主创新能力是实施国家知识产权战略的基础。本部分从考察我国自主创新能力的目的出发，比较了国家知识产权局授权的国内外权利人的专利的维持状况及其

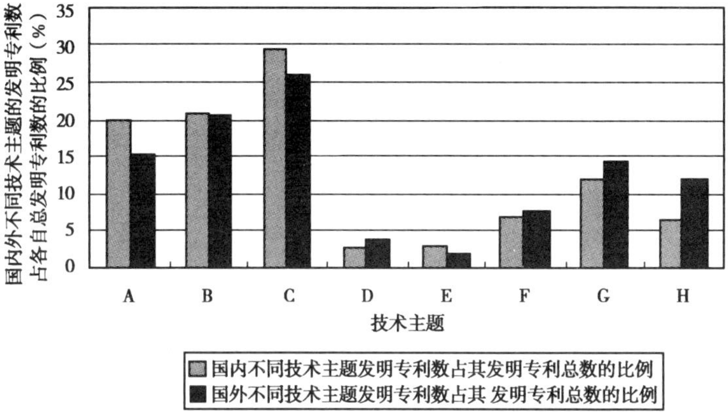


**图6－11　国内外不同技术领域的专利数占各自总专利数的比例比较**

相关变量，得出如下结论：首先，国外专利比国内专利维持时间长，在一定程度上说明了国外专利申请人比国内专利申请人对申请获得的专利有更好地运用能力，能产生更大的经济效益。这说明国内专利申请人应注重专利申请的前期调查和获得授权后的专利运用能力的提升。其次，国外专利比国内专利的权利要求数多，在一定程度上说明了国外专利申请人比国内专利申请人更加注重专利申请文件的撰写，在专利申请的质量上要求更严格。这说明国内专利申请人应注重专利申请文件的撰写，通过技术性地运用专利文件撰写的技巧来更好地保护自己的技术，在法律允许的框架内获得最大限度的保护。再次，国外专利的平均发明人数比国内专利的平均发明人数多，在一定程度上说明了国外发明人比国内发明人更加注重团队合作研发。这说明在技术创新越来越复杂的今天，团队的创新作用越来越重要，国内发明人应注重团队之间的合作研发。最后，国外专利主要集中在高新技术领域，而国内专利主要集中在传统技术领域，在一定程度上说明国外发明的焦点已经从传统行业向影响未来全球技术格局的技术制高点转移，而国内专利还处在传统行业的应用层次。这说明国内发明人应注重对未来全球技术竞争的制高点的把握，将研发重点向高新技术领域转移，从而在全球越来越激烈的技术竞争中谋得一席之地。

## 第四节　我国专利维持状况的启示及对策

### 一、我国专利维持状况的启示

从我国专利维持整体状况来看，应该至少得到如下启示：首先，我国国家知识产权局授权专利的维持时间较短、被终止数量多和被终止速度快的现实使我们清楚地认识到，在专利申请量和授权量大幅增加的背景下，我国专利质量的现状乃至基于专利维度的技术创新能力还不尽如人意，同时也反映了我国专利维持制度乃至专利制度的运行绩效需要进一步提高。其次，与美国专利相比，我国专利的维持时间较短、审查周期较长和需要的发明人力资源较多的现实要求我国应该学习国外专利维持、审查和合作发明创造的经验。近年来，虽然我国较为重视从国外特别是美日欧等国家或者地区考察、借鉴其专利制度方面的经验，同时强化和它们的合作与交流，但是大多都集中在专利保护领域，对专利的管理和运用等方面经验的学习还不够深入，需要进一步加强。最后，申请人国别、审查时间、权利主体类型、发明人数和权利要求数对专利的维持时间影响依次减弱的结论告诉我们，在专利信息中，要特别重视国内外专利维持状况的差别以及不同国家在我国申请专利的维持情况，从中寻找规律和症结，改进国内专利维持状况；重视合作发明创造和专利申请文件特别是权利要求书的撰写等。

从不同创新主体、技术领域和权利人国别的专利维持时间的研究结论至少应该得到如下启示：首先，工矿企业、科研院所、个人和机关团体的专利维持状况告诉我们，专利对不同类型创新主体的价值和意义决定了它们对专利管理和运用的水平以及对专利维持的态度。这一事实使得我们清楚地认识到，对不同类型创新主体而言，提高它们专利管理和运用能力的方法各不相同，或者说，它们在实施国家知识产权战略乃至建设创新型国家中的地位和作用要区别对待。其次，不同技术领域的专利维持状况提醒我们，专利制度对不同技术领域的适用程度是不同的。有些领域的技术发展对专利制度的依赖程度非常高，如医药、生物技术；有些领域技术发展则对专利制度的依赖程度不高，钢铁建筑。最后，我国国家知识产权局授权的国外专利维持时间明显长于国内专利维持时间的现实使得我们清楚地认识到，在专利申请量和授权量节节攀升的表象背面，真正属于我国国内居民的高质量的专利数量并不是很多。总之，我国基于专利维度的技术创新能力并不是很乐观。

## 二、优化我国专利维持状况的建议

建构并完善专利维持理论、优化我国专利维持状况，对完善专利维持制度，提高专利制度运行绩效，提升我国专利创造、运用、保护和管理能力，提升技术创新能力具有重要意义。因此，在前述分析基础之上，提出如下建议：

首先，要重视专利维持理论的研究。完善的专利维持制度需要成熟的专利维持理论作为支撑。由于对专利维持理论研究的欠缺，专利维持状况得不到学者和相关机构的重视，我国专利维持理论及其实践研究相对落后。这种情况不利于完善我国专利制度和提高创新主体专利运用和管理能力，也不利于提高技术创新能力和创新型国家建设。所以建议要重视研究专利维持理论特别是重视研究专利维持年费制度对实现专利制度目的的杠杆作用，重视专利维持时间对专利制度运行绩效的标示作用，以便完善专利制度、提高专利运用和管理能力、促进经济社会发展。

其次，协调专利制度中其他制度与专利维持制度的关系。在专利法及其实施细则修改过程中，适当调整专利授权标准，提高国家知识产权局授权专利的质量如适当调整创造性的判断标准和判断方法、调整现有技术的范围与复审和侵权的判定标准，逐步完善专利侵权认定方式和赔偿数额确定方式，切实保护专利权人的利益，提高权利人维持专利权的积极性。

最后，采取有效措施提高不同类型创新主体的专利运用和管理能力。一是强化国内权利人的专利战略意识，特别是专利质量意识，同时尽快完善专利技术市场，优化专利的实施、许可、转让、质押和入股的政策和制度；二是整合影响专利质量有关的政策和措施，如提升专利申请文件撰写水平、提高专利审查效率、缩短从申请到授权所需时间；三是鼓励工矿企业提高专利授权量，适当降低科研院所和个人维持专利的成本，如对科研院所和个人专利年费减免政策进行改革，调动他们维护专利并从中获得利益的积极性，从而促进创新。

## 第五节　本章小结

专利价值及其实现不仅受专利权利人类型和技术领域的影响，而且受权利人国别的影响，所以通过创新主体类型、技术领域和权利人国别等因素对专利维持时间进行研究具有一定的合理性。从不同类型创新主体来看，专利维持时间呈现下列特点：(1) 工矿企业因未缴专利年费而被终止专利数占其专利总数的比例较低，即维持率较高；科研院所、个人和机关团体因未缴专利年费而被终止专利数占其专利总数的比例比较接近，而且比例较高，即维持率较低。(2) 工矿企业维持专利继续有效的比例明显高于科研院所、个人和机关团体维持专利继续有效的比例；科研院所和个人维持专利继续有效的比例略低于机关团体维持专利继续有效的比例。(3) 在专利整体届满率很低的前提下，工矿企业拥有专利的届满率相对较高，科研院所和个人拥有专利届满率较低，而机关团体拥有的专利竟然没有一件维持到有效期届满。从技术领域来看，专利维持时间呈现如下特点：第一是电学类专利维持时间最长；第二是物理类、作业和运输类专利维持时间较长；第三是生活需要类和机械工程、照明、加热、武器、爆破类；第四是化学和冶金类和固定建筑物类；纺织和造纸类专利的维持时间最短。从权利人国别看，专利维持时间存在的特点是国外专利权人拥有的专利比国内专利权人拥有专利的维持时间明显长。为此，本书提出了重视专利维持制度理论及实践研究、强化专利维持制度与专利制度中其他制度的协调关系、提高不同类型创新主体专利运用和管理能力的建议。

# 第七章　结论与展望

## 第一节　结　论

本书在研究专利维持制度、专利维持时间和专利维持年费等问题的基础上，分析了我国专利维持整体状况及不同类型创新主体、技术领域和权利人国别的专利维持时间情况。

专利维持制度是现代专利制度的核心制度之一。通过研究专利维持制度与专利制度运行绩效的关系、专利制度中相关制度对专利维持制度的影响、专利维持制度理论模型和专利维持制度的理论架构等问题，得出四点结论：第一，专利制度目的的实现必须以有效的专利维持制度作为依托。因为没有有效的专利维持制度，或者说专利维持制度的不完善，整个专利制度促进技术创新的作用将受到限制，甚至难以实现。第二，专利制度中现有技术和创造性标准高度的判断、专利维持年费制度的设置和侵权认定方式及其侵权赔偿制度等对专利维持制度具有重要影响。第三，从平衡专利权人个体利益与社会公共利益的角度，专利维持制度是一项公共政策；而从专利权人自身利益角度，专利维持制度是平衡专利成本与收益的工具。第四，专利维持制度可以通过优化专利维持年费制度、调整专利维持成本、改变专利维持时间、平衡专利权人和社会公众利益，完善专利维持制度并提高专利制度的运行绩效。

专利维持时间是专利维持制度运行结果的外在表现。根据对专利维持时间及相关概念、专利维持时间与专利质量的关系、影响专利维持时间的因素等问题的分析，得出如下四点结论：第一，专利维持时间达到其最优维持时间的数量占所有授权专利的比例是衡量专利制度绩效高低重要指标之一；尽管不同国家或地区都规定了基本统一的专利法定保护期限，但是专利年费制度等因素的影响造成了专利维持时间存在很大区别。第二，专利维持时间在很大程度上反映了专利质量。用专利维持时间评价专利质量是一个相对较好的方法，但是因为专利质量内涵的模糊性和评价其质量的指标的复杂性，使得运用专利维持时间评价专利质量产生一定的误差。第三，专利维持时间比专利申请量或授权量更能反映企业、国家或者地区的技术创新能力。第四，专利维持时间受专利制度中的其他制度、专利技术及相关信息、专利管理水平、技术交易制度、政府资助政策、企业专利战略、创新主体类型规模和授权专利的专利局差异等因素的影响。

专利维持年费制度是专利维持制度正常运行的核心机制。根据对专利维持年费机理、不同国家或地区专利维持年费制度的特点、专利局自负盈亏财政制度对专利维持年费机制影响等问题的分析，得出以下结论：第一，专利维持年费制度通过要求专利权人缴纳专利维持年费，适度增加专利维持成本，从而影响专利维持时间、平衡专利权人和社会公众利益，它是专利维持制度的关键组成部分。第二，不同国家或者地区专利维持年费制度的特点既有相似点，又有不同点。美国专利商标局、欧洲专利局、日本专利局和我国国家知识产权局的专利维持年费制度具有一定的相似点，即基本上都有对小企业的减免制度、滞纳金制度以及专利维持年费数额都随着距离申请时间或者授权时间的延长而增加的趋势。但是也存在一些区别：美国专利商标局的专利维持年费制度相对僵化，不够灵活；欧洲专利局专利维持年费制度模式相对比较灵活；日本专利局的专利维持年费制度模式似乎更为科学；我国国家知识产权局的专利维持年费制度模式与日本和欧洲专利局的模式相比，不够灵活，但是比美国专利商标局的模式灵活性高。第三，虽然影响各专利局专利维持年费制度的因素较多，但当专利局实行自负盈亏财政制度时，专利维持年费机制对专利制度的支撑作用可能会背离调整合理专利维持时间、提高专利制度绩效和促进技术创新的初衷，值得关注。第四，学者和相关机构应该在重视专利维持年费制度在专利维持制度中的地位、专利维持年费制度运行机制和影响专利维持年费制度的因素，特别是专利局在财政制度方面应采取积极措施，以提高专利维持年费制度的作用，从而进一步完善专利维持制度。

我国国家知识产权局授权专利的整体维持情况呈现如下特征：第一，我国国家知识产权局授权专利的维持时间较短，因未缴专利维持年费被终止的专利数量多，而且被终止的速度快；第二，与美国专利商标局授权的被终止的专利相比，我国国家知识产权局授权的被终止专利的维持时间较短，审查周期较长和完成单件发明需要的发明人数量较多；第三，就专利信息指标对专利维持时间的影响而言，申请人国别、从申请到授权所需时间、权利主体类型、发明人数和权利要求数对专利的维持时间影响程度依次减弱。

通过对我国不同创新主体类型、技术领域和权利人国籍的专利维持时间分类研究，得出三个方面的结论。从不同创新类型主体来看，我国专利维持时间呈现下列特点：第一，工矿企业因未缴专利年费而被终止专利数占其专利总数的比例较低，即维持率较高；科研院所、个人和机关团体因未缴专利年费而被终止专利数占其专利总数的比例比较接近，而且比例较高，即维持率较低。第二，工矿企业维持专利继续有效的比例明显高于科研院所、个人和机关团体维持专利继续有效的比例；科研院所和个人维持专利继续有效的比例略低于机关团体维持专利继续有效的比例。第三，在专利整体届满率很低的前提下，工矿企业拥有专利的届满率相对较高，科研院所和个人拥有专利届满率较低，而机关团体拥有的专利几乎没有一件维持到有效期届满。从技术领域来看，我国专利维持时间呈现如下特点：第一，电学类专利维持时间最长；第二，物理类、作业和运输类专利维持时间较长；第三，生活需要类和机械工程、照明、加热、武器、爆破类专利维持时间；第四，化学和冶金类和固定建筑物类专利维持时间；纺织和造纸类专利维持时间最短。从权利人国别看，国外专利权人拥有专利的专利维持时间明显长于国内专利权人拥有专利的维持时间。

## 第二节 展 望

尽管国外关于专利维持问题的研究主要是在 20 世纪 80 年代开始，然而研究视角基本都是基于经济学理论及其实证，缺陷是对专利维持制度中相关问题的研究不够深入，所以这些研究对专利维持制度及其实践的作用发挥有限。国内关于专利维持问题的研究成果很少。在研究文献较为有限、作者研究水平局限的前提下，本书存在下列不足，需要进一步研究。

在专利维持制度方面，下列问题需要进一步深入研究：第一，对专利维持理论缺乏系统深入的研究。严格地说，专利维持理论的体系还没有建立，本书只是研究了专利维持理论中的几个问题。就目前国内外对这一问题的研究现状来看，专利维持理论体系的构建需要一个较为长期的探索过程。这也是本书作者将来进一步研究的主要方向。第二，专利维持制度与专利制度运行绩效的关系需要进一步明确。随着知识经济的发展和经济全球化的深入，知识产权已经得到前所未有的重视，而提高专利制度的运行绩效是世界各国或者地区知识产权工作的重中之重。所以，基于专利维持制度研究专利制度运行绩效将是一个具有重要价值的研究方向。第三，专利维持时间与专利质量的关系需要深入研究。近年来，因为专利申请量和授权量大幅度增加，专利质量的问题得到世界各国普遍重视。不同国家或者地区分别采取积极措施，但是效果似乎并不乐观。因为专利维持时间直接与专利权人的经济利益相关，所以从专利维持时间研究专利质量是一个较为可行的视角。现在对这一问题尽管有所研究，但是还需要进一步深化。第四，需要进一步探索优化专利维持年费制度的可操作性对策。专利维持年费制度已经成为现行专利维持制度不可分割的关键组成部分，可以成为调整专利权人利益与社会利益平衡的杠杆。如何设置专利维持年费的数额和结构是一个非常值得研究的问题。此外，专利局的财政制度、外部资助尤其是政府资助对专利维持年费制度的影响等问题，尽管本书有所研究，但是由于篇幅有限，未能深入。这些问题也会成为本书作者将来的重要研究方向。

在我国专利维持状况实证研究方面，主要有以下不足：第一，缺少与国外典型国家或地区专利局授权专利的比较。因为本书实证研究部分数据收集方法特殊，收集数据需要花费大量的时间和精力，加之时间有限，所以本书缺少国外典型国家或者地区的一手数据作为对比，使得实证结论的说服力存在折扣。因此将来在时间允许的情况下，收集国外典型国家或者地区专利局授权专利的一手数据，与本书研究结论加以比较，将是进一步努力的方向。第二，统计数据中缺少专利引证指数指标导致用专利信息评价影响专利维持时间，乃至专利质量问题的可信性减弱。专利引证指数的问题一直是困扰本书研究特别是对我国专利维持时间影响因素实证研究的问题。相信我国知识产权局在不久的将来会通过完善相关专利数据库，补充专利引证指数指标，为将来研究相关问题提供便利。第三，缺少不同年份授权专利维持时间的相互比较。与上述原因相同，因为时间有限，未能收集到不同年份授权专利维持情况的比较，使得实证结论存在缺陷。将来争取收集不同年份授权专利的相关数据，弥补本书这方面研究的不足。

# 参考文献

[1] A. J. Acs, D. B. Audretsch Innovation in Large and Small Firms: An Empirical Analysis [J]. American Economic Review, 1988, 78 (4): 678 - 690.

[2] Z. J. Acs L. Anselin, A. Varga. Patents and Innovation Counts as Measures of Regional Production on New knowledge [J]. Research Policy, 2002, 31 (7): 1069 - 1085.

[3] D. Albert, P. Avery, McAllister, Narin F.. Direct Validation of Citation Counts as Indicators of Industrially Important Patents [J]. Research Policy, 1991, 20 (3): 251 - 259.

[4] J. Alcúcer, M. Gittelman. Patent Citations as a Measure of Knowledge Flows: The Influence of Examiner Citations [J]. the Review of Economics and Statistics, 2006, 88 (4), 774 - 779.

[5] P. Azoulay, W. Ding, Stuart T.. The Determinants of Faculty Patenting Behavior: Demographics or Opportunities [J]. Journal of Economic Behavior & Organization, 2007. 63 (4): 599 - 623.

[6] S. Baker, D. Lichtman, C. Mezzetti, Disclosure and Investment as Strategies in the Patent Race [J]. Journal of Law and Economics 2005, 48: 173 - 194.

[7] D. B. Balkin, G. D. Markman, L. Gomez-Mejia, Is CEO Pay in High-technology Firms Related to Innovation [J]. Academy of Management Journal, 2000, 43 (6): 1118 - 1129.

[8] M. Baudry, B. Dumont, Patent Renewals as Options: Improving the Mechanisms for Weeding out Lousy Patents [J]. Review of Industrial Organization, 2006, 28 (1): 41 - 62.

[9] J. Bessen, The Value of U. S. Patents by Owner and Patent Characteristics [J]. Research Policy, 2008, 37 (5): 932 - 945.

[10] L. Bottazzi, M. Da Rin, T. Hellmann, The Changing Face of the European Venture Capital Industry: Facts and Analysis [J/OL]. Journal of Private Equity, 2004, 8 (1). http: //www. insme. org/documenti/SEVeCa-SumReport. pdf.

[11] Brcitzman, F. A Narin. Case for Patent Citation Analysis in Litigation [J]. The law Works, 1996. 3.

[12] S. Breschi, F. Lissoni, F. Malerba. The Empirical Assessment of Firms' Technological Coherence: Data and Methodology [M] //J. Cantwel. The Economics and Management of Technological Diversification. A. Gambardella and O. Granstrand (eds. ), Routledge, London, 2004.

[13] H. Bulut, G. Moschini. Patents, Trade Secrets and the Correlation among R&D Projects [J]. Economics Letters 2006, 91 (1): 131 - 137.

[14] R. Caballero, A. M. Jaffe, How High are the Giants' Shoulders: An Empirical Assessment of Knowledge Spillovers and Creative Destruction in a Model of Economic Growth [M] //O. Blanchard, S. Fischer, eds. , National Bureau of Economic Research Macroeconomics Annual, 1993. 8: 15 - 74 MIT Press.

[15] Candal, S. Scotchmer, Coordinating Research through Research Joint Ventures [J]. Journal of Public Economics, 1993, 51 (2): 173 - 193.

[16] Carpenter, F. Narin, P. Woolf, Citation Rates to Technologically Important Patents [J]. World Patent Information, 1981, 3 (4): 160 - 163.

[17] H. F. Chang. Patent Scope, Antitrust Policy and Cumulative Innovation [J]. The Rand Journal of Economics, 1995, 26 (Spring), 34 - 57.

[18] I. Cheong, Invent or Develop? On Sequential Innovation and Patent Policy [D]. Princeton University. 1994.

[19] T. Chou, H. Haller. The Division of Profit in Sequential Innovation Reconsidered [R]. 1995, Working Paper E95-02, Department of Economics, VPI & State University.

[20] Chu A. . Effects of Blocking Patents on R&D: a Quantitative DGE Analysis [J]. Journal of Economic Growth, 2009, 14 (1): 55 - 78.

[21] CIPO. Intellectual Property-innovation on a Global Scale [R]. Annual Repot 2001 - 02, 2.

[22] M. Clark, H. Berven. The Face of the Patent is not the

"Whole Story: Determining Effective Life of a Pharmaceutical Patent in the United States [J]. World Patent Information, 2004, 26 (4): 283 -295.

[23] K. Cool, L. H. Roller, B. Leleux, The Relative Impact of Actual and Potential Rivalry on Firm Profitability in the Pharmaceutical Industry [J]. Strategic Management Journal, 1999, 20 (1): 1 -14.

[24] F. Cornelli, M. Schankerman, Optimal Patent Renewals [R]. LSE STICERD Research Paper No. EI13. January 1996. Available at SSRN: http://ssrn. com/abstract = 1158292.

[25] F. Cornelli, M. Schankerman. Patent Renewals and R&D Inventive [J]. The Rand Journal of Economics, 1999, 30 (2): 197 -213.

[26] C. Crampes, C. Langinierh. Information Disclosure in the Renewal of Patents [J]. Annalisa d'Economie et de Statistique, 1998, 49/50, 262 -288.

[27] J. Cremer, S. Scotchmer. Optimal R&D Procurement: Why Patents [D]. Mimeo, University of California Berkeley, 1996.

[28] E. Dechenaux, M. Thursby, J. Shirking. Sharing Risk and Shelving: The Role of University License Contracts [R]. Discussion paper, Ken State University, 2007.

[29] Y. Deng. A Dynamic Stochastic Analysis of International Patent Application and Renewal Processes [R]. 2006. Working paper, Southern Methodist University

[30] Y. Deng. Renewal Study of European Patents: A Three-country Comparison [R]. Southern Methodist University of Dallas. 2005, Working Paper.

[31] Y. Deng. Private Value of European Patents [J]. European Economic Review, 2007, 51 (7): 1785 - 1812.

[32] E. Duguet, N. Iung, R&D Investment, Patent Life and Patent Value [R]. Institute National de la Statistique et des? tudes Economiques, Malakoff Cedex. 1997, working paper No. G 9705.

[33] J. Eaton, S. Kortum, J. Lerner. International Patenting and the European Patent Office: A Quantitative [R]. 2003. http: //www. nber. org/CRIW/papers/eaton. pdf

[34] Emstholger. Patent Information for Strategic Technology Management [J]. World Patent Information, 2003, 25 (3): 233 - 242.

[35] M. I. Espina, To Renew or not to Renew: An Empirical Study of Patent Valuation and Maintenance by the U. S. Pharmaceutical Industry [D]. Rensselaer Polytechnic Institute, PhD, 2003.

[36] R. Evenson, International Invention: Implications for Technology Market Analysis [M]. in Z. Griliches (ed.) R&D, Patents and Productivity, Chicago, University of Chicago Press. 1984.

[37] B. Fikkert, M. Luthria. Intellectual Property Rights in a Developing Country: Estimates of the Private Value of Patent Protection in India [R]. Mimeo. 2000.

[38] Futagami K, T. Iwaisako. Dynamic Analysis of Patent Policy in an Endogenous Growth Model [J]. Journal of Economic Theory, 2007, 132 (1): 306 - 334.

[39] J. S. Gans, S. P King, R. Lampe. Patent Renewal Fees and Self-Funding Patent Offices [J]. The B. E. Journals in Theoretical Economics, 2004, 4 (1): 1 - 16.

[40] A. Geuna, Nesta, L. J. J.. University Patenting and its Effects on Academic Research: The Emerging European Evidence [J]. Research Policy, 2006, 35 (6): 790 - 807.

[41] R. Gilbert, C. Shapiro. Optimal Patent Length and Breadth [J]. The Rand Journal of Economics, 1990, 21 (1) 106 - 112.

[42] P. Gompers, J. Lerner. The Venture Capital Revolution [J]. Journal of Economic Perspective, 2001, 15 (2): 145 - 168.

[43] A. Goto, N. Honjyo, K. Suzuki. M. Takinozawa. Economic Analysis of Research and Development and Technological Progress [J]. (in Japanese) Economic Analysis. 1986: 103.

[44] J. Green, S. Scotchmer. On the Division of Profit in Sequential Innovation [J]. The Rand Journal of Economics, 1995, 26 (Spring): 20 - 33.

[45] Z. Griliches. Patent Statistics as Economic Indicators: A Survey [J]. Journal of Economic Literature, 1990, 28 (4): 1661 - 1707.

[46] Z. Griliches. Patents: Recent Trends and Puzzles [R]. Brookings Papers: Microeconomics, 1989: 291 -319.

[47] Z. Griliches, B. H. Hall, Pakes. A. The Value of Patents as Indicators of Inventive Activity [M] //Dasqupta P., P. Stoneman (eds). Economic Policy and Technological Performance. Cambridge: Cambridge University Press, 1987.

[48] C. Gronqvist. The Private Value of Patents by Patent Characteristics: Evidence from Finland [J]. The Journal of Technology Transfer, 2009, 34 (2): 159 -168.

[49] B. H. Hall, M. MacGarvie, The Private Value of Software Patents [R]. 2006, NBER working paper 12195.

[50] B. H. Hall, A. Jaffe, M. Trajtenberg. Market Value and Patent Citations [J]. The Rand Journal of Economics, 2005, 36 (1): 16 -38.

[51] B. Hall, Jaff. A., M. Trajtenberg. Market Value and Patent Citations: A First Look [R]. National Bureau of Economic Research. 2000, Working Paper No. 7741.

[52] B. Hall, M. Trajtenberg, A. B. Jaffe. The Patent Citations Data File: Lessons, Insights and Methodological Tools [R]. 2001, NBER Working Paper 8498.

[53] B. H. Hall, G. Thoma, S. Torrisi. The Market Value of Patents and R&D: Evidence from European firms [D]. 2007, NBER Working Paper No. 13426.

[54] D. Harhoff, Patent Constructionism: Exploring the Microstructure of Patent Portfolios [C]. Presentation Prepared for the EPO/OECD Conference on Patent Statistics for Policy

Decision Making, Vienna, 2006, 10: 23 - 24.
[55] D. Harhoff, F. Narin, F. Scherer, K. Vopel. Citation Frequency and the Value of Patented Inventions [J]. The Review of Economics and Statistics. 1999, 81 (3): 511 - 515.
[56] D. Harhoff, F. M. Scherer, K. Vopel. Exploring the Tail of Patent Value Distributions [J]. Mimeo. Harvard University, 1997.
[57] D. Harhoff, F. M. Scherer, K. Vopel. Exploring the Tail of Patented Invention Value Distribution [M]. In O. Granstrand (Ed.), Economics, law and intellectual property: Seeking strategies for research and teaching in a developing field. Kluwer Academic Publishers, 2003.
[58] D. Harhoff, F. Scherer, K. Vopel. Citations, Family Size, Opposition and the Value of Patent Rights [J]. Research Policy, 2003, 32 (8): 1343 - 1363.
[59] J. M. Hartwick. Patent Race Optimal with Respect to Entry [J]. International Journal of Industrial Organization, 1991 (9): 197 - 207.
[60] M. A. Heller, R. S. Eisenberg. Can Patents Deter Innovation [J]. The Anticommunism in Biomedical Research, Science, 1998: 280 (5), 698 - 701.
[61] T. Hellmann, M. Puri. Venture Capital and the Professionalization of Start-Up Firms: Empirical Evidence [J]. Journal of Finance, 2002, 57 (1): 169 - 97.
[62] M. A. Hitt, R. D. Dixon, R. E. Hoskisson, R. Koch-

har. Corporate Entrepreneurship and Cross-functional Fertilization: Activation, Process, and Disintegration of New Product Design Team [J]. Entrepreneurship Theory and Practice, 1991, 23 (3): 145-167.

[63] R. W. Holthausen, D. R. Larker, R. G. Sloan. Business Unit Innovation and the Structure of Executive Eompensation [J]. Journal of Accounting and Economics, 1995, 19 (2-3): 279-313.

[64] J. Horstmann, G. MacDonald, A. Slivinski. Patents as Information Transfer Mechanisms: To Patent or (Maybe) Not to Patent [J]. Journal of Political Economy, 1985, 93 (5): 837-858.

[65] M. Reitzig. What Determines Patent Value? Insights from the Semiconductor industry [J]. Research Policy, 2003, 32 (11): 13-26.

[66] M. Reitzig, Improving Patent Valuations for Management Purposes-validating New Indicators by Analyzing Application Rationales [J]. Research Policy, 2004, 33, (6-7): 939-957.

[67] J. Rossman, B. S. Sanders. The Patent Utilization Study, Patent, Trademark and Copyright [J]. Journal of Research and Education, 1957, 7 (1): 74-111.

[68] E. Sapsalis. B. van Pottelsberghe de la Potterie, The Institutional Sources of Knowledge and the Value of Academic Patents [J]. Economics of Innovation and New Technology, 2007, 16 (2): 139-157.

[69] M. Schankerman, A. Pakes. Estimates of the Value of Patent Rights in European Countries during the Post-1950 Period [J]. The Economic Journal, 1986, 96 (12): 1052 - 1076.

[70] M. Schankerman. How Valuable is Patent Protection? Estimates by Technology Field [J]. The Rand Journal of Economics, 1998, 29 (1): 77 - 107.

[71] M. Schankerman. Strategies to Improve Patenting and Enforcement [R]. IPKat, 29 May 2008.

[72] F. M. Scherer, D. Harhoff. Technology Policy for a World of Skew-distributed Outcomes [J]. Research Policy, 2000, 29 (4): 559 - 566.

[73] J. A. Schmitz. On the Breadth of Patent Protection [M]. Mimeograph, State University of New York at Stony Brook. 1989.

[74] J. Schmookler. Invention and Economic Growth [M]. Harvard University Press, Cambridge. 1966.

[75] S. Scotchmer. On the Optimality of the Patent Renewal System [J]. The Rand Journal of Economics, (1999). 30 (2): 181 - 196.

[76] S. Scotchmer. Protecting Early Innovators: Should Second Generation Products be Patentable [J]. The Rand Journal of Economics, 1996, 27 (2) 117 - 126.

[77] S. Scotchmer. Standing on the Shoulders of Giants: Cumulative Research and the Patent Law [J]. Journal of Economic Perspectives, Symposium on Intellectual Property Law,

1991, 5 (1): 29 - 41.

[78] R. J. Sullivan. Estimates of the Value of Patent Rights in Britain and Ireland: 1852 - 1876 [J]. Economics, 1994, 61 (2): 37 - 58.

[79] R. Svensson. Commercialization of Patents and External Financing during the R&D-Phase [J]. Research Policy, 2007, 36 (7): 1052 - 69.

[80] R. Svensson. Licensing or Acquiring Patents? Evidence from Patent Renewal Data [R]. Research Institute of Industrial Economics, 2008, Working Paper 13938. http: //www.nber. org/papers/w13938. pdf.

[81] P. Thomas. The Effect of Technological Impact upon Patent Renewal Decisions [J]. Technology Analysis &Strategic Management, 1999, 11 (2): 181 - 197.

[82] J. Thursby, A. W. Fuller, M. Thursby. US Faculty Patenting: Inside and Outside the University [J]. Research Policy. 2009, 38 (1): 14 - 25.

[83] X. Tong, J. D. Frame. Measuring National Technological Performance with Patent Claims Data [J]. Research Policy, 1994, 23 (2): 133 - 142.

[84] M. ATrajtenber, Penny for Your Quotes: Patent Citations and the Value of Innovations [J]. The Rand Journal of Economics, 1990, 21 (1): 172 - 187.

[85] M. Trajtenberg. Innovation in Israel 1968 - 1997: A Comparative Analysis Using Patent Data [J]. Research Policy, 2001, 30 (3): 363 - 389.

[86] M. Trajtenberg, A. Jaffe, R. Henderson. University versus Corporate Patents: A Window on the Basicness of Invention [J]. Economics of Innovation and New Technology, 1997, 5 (1): 19-50.

[87] T. Van Dijk. Patent Height and Competition in Product Improvements [J]. Journal of Industrial Economics, 1996, 44 (2): 151-167.

[88] B. Van Pottelsberghe de la Potterie, D. Fran? ois. The Cost Factor in Patent Systems, Journal of Industry [M]. Competition and Trade, in Press. 2006, DOI 10. 1007/s 10842-008-0033-2.

[89] B. Van Pottelsberghe de la Potterie, N. van Zeebroeck. A Brief History of Space and Time: the Scope-Year Index as a Patent Value Indicator Based on Families and Renewals [J]. Scientometrics, 2008, 75 (2): 319-338.

[90] N. Van Zeebroeck, B. van Pottelsberghe de la Potterie. Filing Strategies and Patent Value [R]. 2008, CEPR Working Paper 6821.

[91] N. Van Zeebroeck, B. van Pottelsberghe de la Potterie, D. Guellec. Claiming more: the Increased Voluminosity of Patent Applications and its Determinants [J]. Research Policy, 2009, 38 (6): 1006-1020.

[92] N. Van Zeebroeck, B. van Pottelsberghe de la Potterie, W. Han. Issues in Measuring the Degree of Technological Specialization with Patent Data [J]. Scientometrics, 2006, 66 (3): 481-492.

[93] P. R. Wagner, K. J. Strandburg. The Obviousness Requirement in the Patent Law [J]. University of Pennsylvania Law Review, 2007, 155 (2): 96.

[94] E. Webster, A. Palangkaraya, P. Jensen. Characteristics of International Patent Application Outcomes [J]. Economics Letters, 2007, 95 (3): 362 -368.

[95] N. L. White. Time Waits for no Man: Deciding when to File a Patent Application in Europe [J]. Nat. Biotechnol, 2007, 25 (6): 639 -641.

[96] H. William. Brown. Trends in Patent Renewals at the United States Patent and Trademark Office [J]. World Patent Information, 1995, 17 (4): 225 -234.

[97] B. Wright. The Economics of Invention Incentives: Patents, Prizes and Research Contracts [J]. American Economic Review, 1983, 73 (4): 691 -707.

[98] 陈云伟，杨志萍，方曙等. 基于发明专利现状的我国技术创新能力分析 [J]. 科技管理研究，2007 (6): 9 -12.

[99] 高山行，郭华涛. 中国专利权质量估计及分析 [J]. 管理工程学报，2002 (3): 66 -68.

[100] 国家知识产权局规划发展司. 2007 年上半年专利申请与授权状况综述 [R]. 专利统计简报，2007 (10): 1 -3.

[101] 国家知识产权局规划发展司. 2007 年上半年我国有效专利状况分析 [R]. 专利统计简报，2007 (13): 1 -10.

[102] 国家知识产权局规划发展司. 有效专利首列国民经济和社会发展统计公报 [R]. 专利统计简报，2009(5)：1-12.

[103] 姜晖. 美国专利法的历史沿革 [DB/OL]. http：//hi.baidu.com/mingmingtuo/blog/item/ba1ad6b48d8e94738-bd4b2a1.html 2009-12-26.

[104] 江旭，高山行，等. 最优专利长度与宽度设计研究 [J]. 科学学研究，2003 (2)：191-195.

[105] 李建蓉. 专利信息与利用 [M]. 知识产权出版社，2006. 120，335.

[106] 刘 华，戚昌文. 论专利制度的经济理性与预期绩效 [J]. 研究与发展管理，2002 (6)：63-68

[107] 刘茂林. 知识产权法的经济分析 [M]. 北京：法律出版社，1997. 6.

[108] 李晓安. 法律效益探析 [J]. 中国法学，1994 (6)：5.

[109] 陆飞，吴桂琴. 四所委属重点高校专利权提前终止因素探析 [J]. 研究与发展管理，1994 (5)：31-34.

[110] 路甬祥. 不能根据论文和专利的数量评价技术创新 [J]. 中国信息界，2005 (16)：15.

[111] 穆丽红，胡亚妮，张志业. 从有效专利看河北省高校技术创新能力 [J]. 科技情报开发与经济，2009(21)：119-121.

[112] 潘士远. 最优专利制度研究 [J]. 经济研究，2005(12)：113-119.

[113] 乔永忠. 不同类型创新主体发明专利维持信息实证研究 [J]. 科学学研究，2011 (3)：442-447.

[114] 乔永忠. 不同技术领域专利维持信息实证研究 [J]. 图书情报工作, 2009 (6): 36 - 39.

[115] 乔永忠, 文家春. 国内外专利维持状况比较研究 [J]. 科学学与科学技术管理, 2009 (6): 29 - 32.

[116] 乔永忠. 基于专利信息视角的专利维持时间影响因素的回归分析 [J]. 图书情报工作, 2009 (4): 42 - 45.

[117] 汤宗舜. 专利法教程 [M]. 法律出版社, 2003.

[118] 万小丽, 朱雪忠. 国际视野下专利质量指标研究的现状与趋势 [J]. 情报杂志, 2009 (7): 49 - 54.

[119] 万小丽, 朱雪忠. 竞争力视角下的专利质量界定 [J]. 知识产权, 2009 (4): 7 - 14.

[120] 王桂强. 对"专利最优保护期"生命周期模型的思考 [J]. 科学学与科学技术管理, 2004 (5): 51 - 53.

[121] 杨中楷, 孙玉涛. 基于专利持有模型的我国有效专利分析 [J]. 科技管理研究, 2009 (2): 254 - 257.

[122] 伊利奇·考夫著, 柯瑞豪译. 专利制度经济学 [M]. 北京大学出版社, 2005. 59.

[123] 郑成思. 知识产权论 [M]. 法律出版社, 2003. 4.

[124] 郑中人. 智慧财产权法导读 (增订三版) [M]. 台北: 五南图书出版有限公司, 2003. 15, 18 - 19.

[125] 郑中人. 专利制度与经济发展 [DB/OL]. http: //www. civillaw. com. cn/article/default. asp? id = 19364 2008 - 12 - 2.

[126] 周凤华, 朱雪忠. 我国大学发明不同归属专利权维持特征分析 [J]. 华中师范大学学报 (人文社会科学

版），2007（6）：29－36.
［127］朱雪忠，乔永忠，万小丽. 基于维持时间的专利质量实证研究——以中国国家知识产权局1994年授权的发明专利为例［J］.管理世界，2009（1）：174－175.

IP

# 附录　专利年费计算参考表（2008年修订*）

（元）

| 对应年度 | | 第1～3年 | 第4～6年 | 第7～9年 | 第10～12年 | 第13～15年 | 第16～20年 |
|---|---|---|---|---|---|---|---|
| 应缴年费金额 | 年费标准值 | 900 | 1 200 | 2 000 | 4 000 | 6 000 | 8 000 |
| | 减70%年费标准值 | 270 | 360 | 600 | 1 200 | 1 800 | 2 400 |
| | 减85%年费标准值 | 135 | 180 | 300 | 600 | 900 | 1 200 |
| 5%滞纳金 | 应缴纳的滞纳金数额 | 45 | 60 | 100 | 200 | 300 | 400 |
| | 年费标准值+滞纳金 | 945 | 1 260 | 2 100 | 4 200 | 6 300 | 8 400 |
| | 减70%年费标准值+滞纳金 | 315 | 420 | 700 | 1 400 | 2 100 | 2 800 |
| | 减85%年费标准值+滞纳金 | 180 | 240 | 400 | 800 | 1 200 | 1 600 |
| 10%滞纳金 | 应缴纳的滞纳金数额 | 90 | 120 | 200 | 400 | 600 | 800 |
| | 年费标准值+滞纳金 | 990 | 1 320 | 2 200 | 4 400 | 6 600 | 8 800 |
| | 减70%年费标准值+滞纳金 | 360 | 480 | 800 | 1 600 | 2 400 | 3 200 |
| | 减85%年费标准值+滞纳金 | 225 | 300 | 500 | 1 000 | 1 500 | 2 000 |
| 15%滞纳金 | 应缴纳的滞纳金数额 | 135 | 180 | 300 | 600 | 900 | 1 200 |
| | 年费标准值+滞纳金 | 1 035 | 1 380 | 2 300 | 4 600 | 6 900 | 9 200 |
| | 减70%年费标准值+滞纳金 | 405 | 540 | 900 | 1 800 | 2 700 | 3 600 |
| | 减85%年费标准值+滞纳金 | 270 | 360 | 600 | 1 200 | 1 800 | 2 400 |
| 20%滞纳金 | 应缴纳的滞纳金数额 | 180 | 240 | 400 | 800 | 1 200 | 1 600 |
| | 年费标准值+滞纳金 | 1 080 | 1 440 | 2 400 | 4 800 | 7 200 | 9 600 |
| | 减70%年费标准值+滞纳金 | 450 | 600 | 1 000 | 2 000 | 3 000 | 4 000 |
| | 减85%年费标准值+滞纳金 | 315 | 420 | 700 | 1 400 | 2 100 | 2 800 |
| 25%滞纳金 | 应缴纳的滞纳金数额 | 225 | 300 | 500 | 1 000 | 1 500 | 2 000 |
| | 年费标准值+滞纳金 | 1 125 | 1 500 | 2 500 | 5 000 | 7 500 | 10 000 |
| | 减70%年费标准值+滞纳金 | 495 | 660 | 1 100 | 2 200 | 3 300 | 4 400 |
| | 减85%年费标准值+滞纳金 | 360 | 480 | 800 | 1 600 | 2 400 | 3 200 |

* 国家知识产权局网站，http：//www. sipo. gov. cn/sipo2008/zlsqzn/sqq/zlfy/200804/t20080422_ 390241. html 2009－12－18.

# 后　记

此书是在我的博士论文的基础上修改而成的。其中部分内容已经以论文形式在《管理世界》《科学管理》《科学学研究》《科学学与科学技术管理》等期刊和国家知识产权局组织、知识产权出版社出版的《优秀调查研究报告集（VI）》发表或者出版。

我的博士论文是博士研究生阶段学习成果的结晶，她凝聚了很多人的心血。在此，我真诚地感谢我的导师、老师、朋友、同学及家人在博士论文完成过程中的指导、帮助、关心和支持。首先特别感谢我的导师朱雪忠教授。从论文的选题、撰写、修改到定稿，均得到了朱老师的悉心指导。四年的博士研究生生活，朱老师把我从一个门外汉带入知识产权的殿堂，教给我很多学术研究方法和心得。他的人格魅力和学术品格是我学习的楷模，并将永远影响我的教学和科研工作。他对我生活和工作无微不至的关心，将使我终身受用。同时要感谢华中科技大学知识产权战略研究院及管理学院的其他老师在学习及论文撰写过程中给予我的指导和帮助。还要感谢师兄弟姐妹们的帮助。在论文撰写过程中，詹映、周凤华、唐春、文家春、黄光辉、张传杰、万小丽、周勇涛、黄颖、刘珊、孟其勋、唐杰、漆苏、文玲玲等师兄弟姐妹给我很多学习上的帮助和生活上的关心，在此一并感谢。尤其是师弟唐卫国帮助搜集了部分专利维持数据，在此表示衷心感谢。

特别要感谢的是我的妻子郎静女士，是她承担了所有的家务，给我专心撰写论文创造了条件。

最后，感谢知识产权出版社的刘睿编辑在此书出版过程中付出的辛勤劳动。